Die öffentliche Verantwortung der Wissenschaft

科学の公的責任

科学者と私たちに問われていること

テオドール・リット／著
小笠原道雄・野平慎二／編訳

東信堂

編訳者まえがき

青色LEDの光は世界中の人々の日常生活を恩恵で照らし、その技術は人類に最大の利益をもたらす発明のひとつと讃えられている。翻って、七〇年前にヒロシマとナガサキの上空で炸裂した原子爆弾の閃光は、何十万人もの無辜《むこ》の人々のいのちとしあわせを一瞬にして奪い去った。科学技術は、それがどのような目的に用いられるかによって、人類にとって「福音」にもなり「呪い」にもなる――このことは今日ではすでに広く知られていると言ってよいだろう。

もしもあなたが自然科学研究の第一人者であるとして、自らの研究成果が、使われ方次第では人々に深刻な悪影響を及ぼすことが明らかになった時、あなたはどう行動するだろうか、もしくはどう行動すべきだろうか。研究成果の誤用から深刻な悪影響がもたらされうる、という事実のみを人々に知らせるべきだろうか。それともさらに一歩進んで、その誤用に反対する行動を取るべきだろうか。あるいは、それほどまでに大きな悪影響をもたらすかもしれない研究成果であれば、最初から公開せず秘匿しておくべきなのだろうか。

一九五〇年代半ばの旧西ドイツの核物理学研究者にとって、この問いはきわめて切実な問いであった。東西冷戦の激化という政治状況を背景に、ドイツの地にも核兵器の配備が進められようとしていた。自らの原子力研究の成果が軍事的に利用される結果、ドイツやヨーロッパ、さらには人類全体の絶滅の危機が招かれるかもしれない。こうした状況を前に、著名な研究者たちは、自らの専門的な知識にもとづいて、繰り返し核エネルギーの軍事利用に反対する宣言を公表した。研究者たちのこのような行動は、人道にかなった、倫理的に望ましい行動として讃えられるべきだろうか。研究者には、科学の研究成果の誤用と悪影響から人々を守る権利と責任があるのだろうか。

本書の第I部に訳出した論文「科学の公的責任」の冒頭で、Th.リットは、当時公表されたいくつかの宣言に言及しつつ、そうした行動は研究者の越権行為であると断じた。科学研究者の使命は真理を探究しその結果を人々に公表することであって、それ以上ではないというのである。一見すると納得しがたく思えるようなこの主張の根拠を、本論文のなかでリットは、科学という営みの根源にまで遡りながら、また科学と私たちの生ないしは政治の営みの複雑な絡み合いに分け入りながら、説いていく。どこから先が科学の「誤用」なのかを示すことの不可能性、「人間に関する科学」が「人間以外のものに関する科学」を憧憬し模倣することから生じる人間の非人間化、政治による真理の歪曲の危険（これは共産主義国家において見られたが、リットによれば自由主義諸国においても同型の危険が存在するという）等々、科学の営みに含まれるさまざまな対立や矛盾の極を弁証法的に行きつ戻りつしながら進められるリットの考究は、最終的には、善意からであろうと悪意からであろうと、科学の名のもとに人間の自由を支配しようとする誘惑への警鐘に到達する。翻って、そうした支配を許してしまう、いやむしろ求めてしまうような私たちの態度も無責任なものとして批判され、そうした態度を厳然と看破し拒否する「注意深さ Wachsamkeit」の重要性が指摘される。

私たちの社会的、共同的生活を方向づける責任は一部の科学者に、あるいは職業政治家だけに委ねられてはならず、まずは私たち自身が引き受けなければならない。すなわち問われているのは科学研究者のみならず私たち自身でもある。戦後七〇年を迎え、一方ではきわめて大きな政治的転換が図られ、他方ではあたかも四年前の三月一一日に何ごとも起きなかったかのような政治社会の動きが進む現代日本を生きる私たちが、このようなリットの示唆を心に刻むに深すぎることはないだろう。科学や政治を支える私たち一般市民の責任が問われている。このような理由から、本訳書には「科学者と私たちに問われていること」という副題を付すこととした。

付言するならば、論文「科学の公的責任」のもとになったのは、ドイツ学術界の最高勲章と言われ、伝統と格式のあるプール・ル・メリット学術勲章（Orden Pour le Mérite für Wissenschaften und Künste）の受章を記念して、リットが一九五六年六月に行った講演である。叙勲記念講演の主題として、当たり障りのない祝辞ではなく、きわめて現実的かつ政治的、哲学的かつ批判的な主題が選ばれている点に、終生を通じて真理を歪める政治的、社会的諸力と闘った哲学者、教育学者リットの真骨頂を見て取ることができる。

本書の第Ⅱ部には「テオドール・リット教授の『原子力と倫理』講演をめぐる討論」を収めている。リットは、一九五七年一〇月一一日―一二日、ドイツのボン近郊のケーニヒスヴィンターでドイツ・ヨーロッパ連合（Europa-Union Deutschland）が開催した、原子力エネルギーの利用をめぐる経済的、政治的、倫理的諸問題を検討する会議において、「原子力と倫理 Atom und Ethik」と題する講演を行った。この講演をめぐって会議の参加者による熱心な討論が交わされた。本書に収めているのはこの討論の様子である。討論に先立つ講演のなかでリットは、同年四月にドイツの著名な一八名の原子力研究者が発表したいわゆる「ゲッティンゲン宣言」を俎上に載せ、自然科学研究者には政治的な判断を下す責任や権利はなく、自然科学の成果を何に向けて、なぜ利用すべきかという問いは、すべての人々が等しく責任を負うべき事柄である、という主旨の主張を、認識論や科学哲学や歴史学の知見を踏まえつつ精緻に展開した。本書の第Ⅰ部「科学の公的責任」論文にも共通する主張である。討論ではこの主張に対してさまざまな観点から批判的な質疑がなされたが、その質疑からはリットの思考の理路がより鮮明に浮かび上がっている。

この討論はまた、貴重で珍しいリットの口語の記録でもある。ある面では——ラテン語の教養と構造に由来する、きわめて入り組んだ構成をもつリットの文語文とは異なって——平易かつ直截に、またある面では文語文の場合と同様、圧倒的な力強さとともに、聴き手に訴えかけるリットの口吻《こうふん》を伝えており、この点でもきわめて興味深い記録となっている。

これらリットの講演や討論がおこなわれてからすでに半世紀が経過した。リットの生きた時代に比べ飛躍的に科学・技術が発展し、高度な情報・技術社会に突入した今日、テクノロジーは私たちの日常生活のほとんどを支配しているように見える。今や私たちは限りなく「人間化」した〈事物（Sache）〉に取り囲まれて生活しているのである。そのような現代的状況の中で人間の主体性の回復を図ろうとする冷静な危機意識の覚醒こそが本〈科学の公的責任〉論の真意であると言えよう。

なお、この討論のもとになったリットの講演「原子力と倫理」は、リット『原子力と倫理—原子力時代の自己理解』（小笠原道雄編訳、東信堂、二〇一二年）の第二論文としてすでに翻訳、刊行されている。併せて参照を願えれば幸いである。

二〇一五年六月二三日　戦後七〇年目の沖縄の慰霊の日に

編訳者　小笠原道雄
野平　慎二

目次／科学の公的責任――科学者と私たちに問われていること

凡　例

1．本書第Ⅰ部に所収の「科学の公的責任」は、Theodor Litt : Die öffentliche Verantwortung der Wissenschaft. In : Ders. : Wissenschaft und Menschenbildung im Lichte des West-Ost-Gegensatzes. Heidelberg (Quelle & Meyer) 2. Aufl. 1959, S.228-262 の全訳である。また、第Ⅱ部に所収の「テオドール・リット教授の『原子力と倫理』講演をめぐる討論」は、Diskussionsbeiträge zum Vortrag von Prof. Dr. Theodor Litt. In: Europa-Union Deutschland (Hrsg.): Euratom. Wirtschaftliche, politische und ethische Probleme der Atomenergie. Bonn (Buch- und Zeitungsdruckerei H. Köllen) 1957, S.127-142 の全訳である。

2．原文中のイタリック文字はゴシック体で表記し、“　”は鉤括弧(「　」)に変えた。

3．原文中で多用されているダッシュ(「―」) は、筆者の文体やリズムを尊重し、そのまま表記し、改行も忠実に原文に従った。

4．訳者が補った字句は〔　〕に入れ、(　)は原文で挿入されているものである。

5．訳語について。(1)ドイツ語 Sache《ザッヘ》を「事物」とした。リットの場合、「事物」は自然科学的な客体物とそれをもとに構築される社会的な構築物(制度等)も含意されている。(2)ドイツ語 Ambivalenz《アンビヴァレンツ》を「両義性」とした。相反する二つの意味を有している状態を指し、リットは人間の営みの基本的な特徴をこの両義性に見ている。

科学の公的責任——科学者と私たちに問われていること

I　科学の公的責任

客観的な立場を取るのか、それとも参加するのか

世界の人々は最近、原子力科学を主導する代表的な研究者たちがある運命を人類に示唆したいくつかの宣言から大きな衝撃を受けることになった（訳注1）。その運命とは、熱核兵器の製造を続けるのみならず、政治闘争の情熱から思わずそれを実際に使おうとする時、人類が間違いなく我が身にもたらすような運命である（原注1）。この警告が影響力をもったのは、もちろん第一にその**内容**のためである。私たち人類が自らに定めようとする絶滅のイメージには、慄然とさせられる。けれども、これらの宣言が少なくとも私たちの国ドイツで注目を集めたのには、

別の理由がある。科学の研究者が静かな研究室から外に出て政治的な出来事の流れに影響を及ぼそうとしたのだが、それは新しく珍しいことだったのだ。政治的な決定に何らかの意味で、また何らかの程度で参加する者の決断がある特定の方向に導かれるべきだと、その宣言では考えられていた。学者が政治家になるのである！　一般の人々へのそのような呼びかけが、宗教的ないしは道徳的な考察に支えられている場合には、――あるいは政治的ないしは世界観に関わる共同体の名において行われる場合には、何ら驚くべきことではないだろう。そのような根拠とともに公衆に語りかける者のなかに科学の代表的な研究者も含まれていることは、よくあることだった。しかしここで問題となっている事例では、その警告は、そうした理論以外の動機からではなく、明らかに研究者が代表する**科学**のなかから研究者に生じてきた義務にもとづいて発せられたのである。私的な良心や同じ考えをもつ者の共同体への所属ではなく、科学がその代表者に課す責任が、公言されたのである。

単に科学的研究の代表者の一人ひとりが、自らを一般の人々に結びつける責任を強く感じたために、このような重大な転換に至ったかのように響くかもしれない。しかし事態は決してそうではなかった。注目すべきはただ一点、すなわち、それまで研究者が服すると考えていた責任とは、そのように公衆のなかに歩み出ることを無条件に**禁ずる**ものだったという点である！

一般の人々が研究者に期待し要求してかまわないこと、それは科学的に根拠づけられた**真理**を探究し告知することだと、研究者は考えていた。しかしこれは、真理の獲得をめぐる〔科学的な〕努力と共同体に関わる事柄の動きに影響を及ぼす〔政治的な〕試みは一致しない、ということを意味していた。なぜならこの影響は、相争う政治的確信の闘争に決然と**参加**することでのみ、及ぼすことができるからである。しかし参加する者に可能だったのは、肯定ないしは否定すること、促進ないしは禁止すること、前進ないしは遅延させること――要するに研究者に要請される「客観性」に反するあからさまな行動様式にほかならなかった。少なくとも研究者が私人として、決然と、あるいは情熱をもって、自らの賛成ないしは反対を表明しようとするならば――科学の研究者という立場の外に出て、科学者の態度を伝導者ないしは政治家の態度と取り替えることなしに、彼がそのような行動を取ることはできなかった。なぜなら科学の役割は、何が**存在しているのか**を語ることであり、何が**存在するべきか**を語ることではないからである。数学者ポアンカレとともに語るならば、科学の言葉は直説法であって命令法ではない（訳注2）。科学者に、自らの賛成ないしは反対の立場を宣言させようとする、非常に尊敬すべき動機が存在するのかもしれない。しかし動機がどうあれ、そのように参加することで科学の研究者が自らの立場を自動的に放棄していることに変わりはない。にもかかわらず研究者が自らの態度を根拠づけるために思わず科学を持ち出そうとするならば、それは科学の悪用、さらには偽造に等しい。公衆へと向かう責任の感情にそそのかされて、科学者は、科学に対する責任を無視してしまった。またそれによって科学者は、結局は公衆に対する自らの責任をも傷つけてしまった。というのも、公衆が科学者に期待するものは科学であり、政治的な方向づけではないからである。

これらの言葉で表されている考え方が正しいのかどうかを論じる前に、私たちはまず、科学にこれほど厳格な禁欲を課すべきだと考える者が、どれほど重要で、どれほど心にとめるに値する動機にもとづいて、そうするのかを明らかにしなければならない。認識、その最高次のものは科学的な認識であるが、それを得るために人間が取らなければならない精神的態度は、人間にとって決して生まれつきで当然のものではない。人間の生まれつきの傾向に合致するのは、積極的に賛成ないしは反対の立場を取り、自分が気に入り自分に支援を約束してくれるものを支持し、自分に対立し不利益をもたらすかもしれないものを阻止することである。認識を通じて真理に到達できるためには、人間は妨げとなりうるものをすべて自ら押さえ込み、存在しているものをありのままの姿で視野に収めなければならない。このような形で人間に要求される自己規律の意味を理解するには、動物にはこの自己規律を鍛える能力がないために、真理を発見する可能性が一切閉ざされていることを思い出すだけで十分である。ともあれ、科学的な努力には、マックス・ヴェーバーが飽くことなく説き聞かせていること、すなわち禁欲的な性格がふさわしいのである。この性格を堅持することこそ、政治的見解をめぐる争いへの参加を科学の代表的な研究者に禁じる人すべてが心にとめなければならないのである。

私たちはつい最近、支配的な暴力が、科学的な真理感覚を曇らせる心の動きを刺激し挑発しようともくろむ時、その心の動きがどれほど容易に他を圧倒するかを、まざまざと感じ取る体験をした。それゆえに私たちは、科学的な真理探究のこの前提をいっそう真摯に受け止めるのである。全体主義的な体制が台頭するまで、真理への道を覆う先入観は容易に左右される人間の内側からのみ芽生え、外側から心に植えつけられるのではないと考えられていた。全体主義的な体制の出現によって、人間は狼狽するほどの経験をした。その経験とは、人々の心を都合のよい先入観で満たすことを、計画的な打算や、さらには残忍な狡猾さでもくろむような政治的意志、そしてまさに科学こそこの先入観に立証された真理の仮象を与える権限をもつと考えるような政治的意志が存在する、という経験である。この政治的意志の圧力のもとで、科学と政治から「イデオロギー」と呼ばれる雑種が生まれる。それは第三帝国では「政治的科学」と名乗っていた。

科学を自らのために要求するこの政治的意志は、想定される抵抗を至る所で受けたわけでは決してなかった。また、高く賞賛された「研究と教育の自由」は、実に多くの場合、抵抗なしに放棄された。このような経験は、一般の人々の生の諸問題に対して科学はそもそも、あるいはどの程度、態度を明らかにする権利をもちその任に当たるのかが問われる時、きわめて重要になるにちがいない。科学の弁護人が、あらゆる肯定と否定の断念という義務を同僚に課すまでになりえたのは、単に確信への忠実さや表明への勇気が欠如していたからではないのである。

科学にとって全体主義国家による抑圧の時代は、不快感をもってのみ回顧される外的および内的な苦悩の時代だった。にもかかわらず、その時代を忌まわしい不運として嘆くだけであってはならないと私は考える。人間は、それなしでは済まされないこと、それを所有していれば何の脅威も感じなかったことを、当然のことと見なし、それゆえに注意を払い、ましてや感謝を捧げるには値しないと考える傾向が実に強い。人間は、かつて人間から奪われ、再びそれを獲得するために戦わなければならないことに対してだけ、相応の価値を認めることを常としている。妨げられることなく真理を探究し討議する自由——この財産がかけがえなく貴重であることを私たちが理解するには、その自由がしばらくの間私たちから奪われることがおそらく必要なのだった。

あるいは私たちは、この耐乏の時代からは切望され期待されるべき啓示がもたらされなかったと言わなければならないのだろうか？　見たところ西ドイツの多くの人々が、再び贈られた意見形成と意見表明の自由に実に低い価値しか与えていない状況を前にすると、このような疑念を抑えることができない。残念ながら、あたかもこの自由はすでに再び「当然のこと」という低いところに沈んでおり、それゆえそれについて考えることも、それどころか気づくこともないような生の財産の水準へと引き下げられているかのような印象を受けることが、実に多いのだ。そうでなければ、それを保持し貫徹することでこの自由の享受が可能になるような国家形式に対しては、まさに「精神」の代表者が平均して示す以上の、より高い価値評価と感謝がおそらく示されるはずである。政治的自由は、それが精神の自由ならびに「研究と教育」の自由をあらゆる制限から守る場合にのみ、それ自身確実であることが許される。今日の状況がどうあれ、このような政治的自由を精神への全体主義的な暴力に対する対抗者として保障し、呼び覚まし、展開するのは、ただ民主主義のみである。政治的自由と精神的自由のこの切り離し難い連帯が「精神」の番人を自認する人々の意識に浸透しているならば――そうした人々は、民主主義的な生の体制に向けられた実に多くの、軽蔑的とは言わないまでも慇懃無礼な表明から推測されるよりもはるかに強く、この国家形式の繁栄と内的な強化に関心を示すはずである。

真理の番人としての科学

ここまでの考察によって私たちは、科学の公的責任についての問いを投げかけ、その切実さを明らかにした――のみならず、すでにそれに対する解答へも足を踏み入れている。もっとも、そのことを認識するには、冒頭で引用した原子力研究の第一人者が表明し証明した事例において初めてその責任が探されてはならない。彼らは、自らの科学がもたらした成果が実際に応用されることで世界に引き起こされる**影響**に対して責任を感じている。一目見ただけで、そのような影響を引き起こすことができるのはただ、研究の道を妨げられることなく歩むことのできた科学、すなわちその固有の領域のなかで自由――その阻害について私たちは上で考察した――を享受できた科学だけだということがわかる。この自由の欠如に代表者が耐えなければならないような科学が、実際に応用されると世界を変えてしまうほどの影響をもつような成果に到達することはできない。科学が真理に到達できるために満たさなければならない条件をここまで論じてきたのだとすれば、それによって私たちは、影響の領域よりもさらに根本的な、科学的認識の**起源**の領域へと遡っている。この遡及のなかで明らかになったのは、科学の責任は、科学から生じた影響とともに初めて始まるのではなく、その影響を引き起こす活動の遂行の段階からすでに始まっているということである。その活動によって引き起こされる影響とはまったく無関係に、科学的な活動は、それを遂行する者にある重大な責任を負わせる。なぜなら人間の能力が高い水準で保障され保護されるのか、それとも放置され失われるのかは、その活動の遂行の性格に左右されるからである。自制心を欠いた心情の激昂によって真理発見の道から外れることのないよう、真理を追究する者が服するべき自己規律について、私たちは耳にした。真理を追究する者がこの自己規律の努力を通して獲得すべき自由――真理を発見することを望む者が受け取らなければならない自由。科学に身を捧げる者はこの自由の確保に責任を負っており、またこの自由を故意にあるいは不注意に放棄することでその責任に背くことになる。この自由のしるしのもとでのみ着手できる真理の獲得に対して、公衆は当然ながらきわめて高い関心を寄せている。まさにこの理由のために、科学に携わる者に課せられている責任はすでに、「公的」責任と呼びうるのである。

もっとも、科学の研究に携わる者が自らの任務として真理の暴露と保持に努める時、彼は、確実な知識を供与しようと心がけることで、公衆に対する責任を果たすにとどまらない。彼はまた、共同体が外的にも内的にも健全に繁栄すべきであるならば、科学の研究の境界を越えて監督され、保護され、顕彰されなければならない人間存在の根本価値を、歪曲や喪失から守ることに寄与してもいるのである。加えてその根本価値は、今日の世界では、公衆の生が組織化されているために、かつてないほど厳しく問われ、絶えず脅威にさらされ、恥知らずにも否定されている。まるで、**真理**を純粋に保持するのに必要なのはただ科学の関心だけだと言わんばかりである！　まるで、人間という存在は自己を展開する**すべての**領域で真理に対する尊敬を必要としているわけではないと言わんばかりである！　人間という存在にとって真理に対する尊敬がどれほど必要であるか、このことを、現代に生きる私たち、共同で営まれる生があらゆるところで嘘の毒によって核心まで腐食しているのを見ている私たちは、十分に理解している。至る所で真理に対して大変な悪が働かれている。**それゆえ**科学は、まさに今日、それに割り当てられた精神的世界の領域の境界を越えて広がる責任を負わねばならない。科学の研究に携わる者の心が、真理に関して少しも譲歩しない考えで満たされる時、そしてその時に限って、彼らは道徳的な力の形成を助ける。その力を決然と奮い立たせることがなければ、この世界史的な時代の苦悩に耐えることはできない。まさに、真理こそが今日に生きる私たちを自由にできるのだ！

今日の科学が取る形態のため、科学者は、真理の適格な番人にふさわしい、高く普遍的な使命の意識を容易には持ちにくい――それどころかあまりにも容易に惑わされ、完遂されるべきその使命を見失ってしまう。私たちはこのことから目をそらしてはならない。幾度となく指摘されていることだが、無数の下位分野へと科学の分業が進んでいる。それが専門排他主義をもたらし、その主義に捕らわれた研究者は、その分野に固有の特殊な真理を獲得することが自らの義務だと感じている。その種の専門化された真理にも、実に多くの忠誠と献身を捧げることはできる。しかしその真理は、少しも切り詰められていない権限を真理の総体に奪い返そうとする者の心が満たされていなければならない情熱に火をつけることはできない。すでにスピノザは、真理に抗して持ち出される激情は実に膨大で効果的であるため、それと戦うには真理への意志自体が激情へと強められなければならないと考えていた(訳注3)。激情にまで高められた真理への意志は、さしあたり学者共同体のなかにはほとんど見られない。統一と結束の欠如に責任を負うべきは、真理への情熱をかき立てない専門排他主義である――このような見解が広がるならば、おそらく真理への情熱は呼び覚まされ、広まるだろう。今日の科学とそれに貢献する大学は、その欠如のなかに憂慮すべき悪を認めはじめ、またそれに抗して対策を見つけようと真剣に努力している。この一連の努力のなかに真の「ウニヴェルシタス」の精神が再び出現するならば、嘘が自らに抗してどこで現れようともその嘘の芽を踏みつぶすことを義務と感じるような真理への意志もまた、その精神とともに高められるだろう。

科学の分裂

科学の公的責任が、いかなる状況のもとでも真理に敬意を表するという義務に尽きていないことは、原子力研究者が世界の人々に向けて公表したマニフェストからすでに明らかになった。その義務とともにこのことを深刻に受け止めるからこそ、科学は、その考えられうる実際の影響を見通したならば、それを世界に知らせる義務を感じてしまうような認識の解明に取り組むことができるのである。こうして原子力研究者は、最初に述べた責任とは明らかに異なるものの、それに対して他の人以上に義務感を感じるような責任を意識して行動するのである。

ここにおいて私たちは、科学が担わざるを得ないあの責任の広い領域を見ることになる。科学がその責任を担うのは、科学の獲得する認識が、ありのままの世界を理論的な観察から明らかにするだけでなく、この世界に深く運命的に**介入する**行為のもとにもなるからである。科学の獲得する認識がその行為の遂行に組み込まれるその程度に応じて、科学はこれらの行為のそれぞれに関与する。このような関与から、最初に挙げた宣言に示されている共同責任という感情が目覚めるのである。

さてしかし、現実に介入する行為に科学が「関与」していると述べる時、あらゆるところで同じ性格と範囲においてこの「関与」が生じているというイメージが引き起こされてはならない。これについては釈明が必要である。逆に、この「関与」に含まれる責任を論じる場合には、ある区別を視野に入れなければならない。その区別とは、それを考慮に入れると前述の行為が真二つのグループに分かれるような区別である。その区別のもっとも深い理由は、認識される現実とその現実を解明する認識との間の差異にある。

認識を獲得しようとする努力が、「自然」という名で私たちがまとめている人間**以外**の現実の領域に向けられているのか──それとも、行動と活動を含む**人間**が形作る現実に向けられているのかは、決定的な違いである。この違いがこれほど深い影響を与えるのは、前者と同じく後者においても認識活動を行う人間が、後者では同時に認識努力の対象となっているからである。ここから、前者の場合では認識努力の対象が認識主体と異なるのに対して、後者の場合では認識努力の対象が認識主体と同一になるという結果が生じる。この違いは、認識主体が現実の純粋に**理論的な**研究にとどまり続ける場合にも、すでに認められなければならない。まして、現実の理論的な研究を通して得られた認識にもとづいて、現実への**実践的**介入へと進むのだとすれば、なおさらその違いの意味が明らかにされなければならない。そして、科学の公的責任についての釈明を望むならば、まさにこのような介入の性格と範囲を、私たちは問わなければならない。

人間以外のものに関する科学

科学の研究が人間以外の、あるいは人間以下の現実の領域のなかで進められる場合、科学が関わる対象について、主体――それがどのような種類の主体であれ――の思考がそもそも、あるいはどのようにして、あるいはどのような結果をともなって、その対象の存在や性質と関わるのかは問われない。このような対象は、認識を追究する主体にとって探究の対象となるかどうかに関わりなく、そのものとして存在している。その軌道が天文学者の洞察力によって数学的方程式に還元されるかどうかとは無関係に、天体は今も昔もその軌道を進む。ガリレイ以来、物体の運動が捉えられている計算とは無関係に、物体はとにかく地面に落下する。植物学が植物の生命の過程を分析する研究熱とは無関係に、植物は成長し、花を咲かせ、そして朽ち果てる。動物学者の観察によって行動を変化させられることなしに、動物は身体的―心的に生存している。要するに、これらの領域すべてで生じていることにとって、その探究を目指す活動は、あたかも不透明な仕切り壁で隔てられている出来事のように、外的なものにとどまるのである。科学は、このような領域に取り組む限り容易に「客観的」でありうるが、それは、このような分離の事実やその突破が不可能であることに起因している。科学がこの客観性を失うことを望むならば、科学は、探し求めた認識という収穫が得られない廉で容赦なく処罰されるだろう。

このような根本関係こそ、科学の成果を用いて人間が行えるようになる「介入」の本質について問う時に、私たちが視野に入れなければならないものである。このような科学は、それが認識した対象の存在と本質を変化させることはできない。それゆえ、科学にもとづく実践も、その目標の関心に合わせて、この対象の性質や作用を変化させようともくろむことはできない。実践は、発見された物質や力を、あるがままにその意図に役立てることができるにすぎない。私たちはここに、数学的正確さへと形作られた無機的なものに関する科学が技術へと転用される際に見られる、あの根本関係の現れを見てとる。あの科学の助言を受けた技術が行う、物事の流れに対するあらゆる介入には、周到に考案された機器をこの上なく綿密に設置するという事例に至るまで、それ自体の目的でないようなあり方へと物事が強要されるといった効果はない。その介入においては、物事の一般的なあり方——その情報を当該の科学が与えてくれる——が、個別の事例に即して、今この場で、人間の特定の目的を実現するために用いられるだけである。たとえ人間が自然を自らの目的のために繰り返し動員したいと望むとしても、自然はあるがままに存在し、あるがままに機能する。しかし、人間はまさに人間以外の現実にこのような敬意を示すことで、また敬意を示すその程度に応じて、現実に介入する能力が与えられる。人間にもっとも近い生物、つまり動物は、この介入から無条件に除外されている。というのも、動物はこのような表敬とは無関係の固有の世界に囚われているからである。人間がこのような自己規律を通じて意のままにできる影響がどの程度の範囲に及ぶのか——水素爆弾を所有する知識という疑わしい利益を享受している人類は、このことを繰り返し意識する必要がある。

自然科学の研究がもたらした最近の「成果」によって人間に開かれた行為の可能性に目を向けるならば、この研究における主導的な先駆者たちがどれほど、科学に義務を負う者の従来の控えめな態度を放棄し、一般の人々への教授を通じて政治的な事柄の動きに影響を及ぼさずにはいられない気持ちであったかがわかる。このように歩み出ることを科学のエートスに対する毀損だとみなす考えが一般の人々の意識からどれほどかけ離れていたか——このことは、この件に関する科学の行動は過大ではなく過小だったという非難がどれほど多くの場所で高まったかをみれば明らかである。この研究の代表者たちは次のように批判された。すなわち彼らは、自らを絶滅させうる知識、あるいはそれに向けて扇動されうる知識を人類に所有させる代わりに、自ら獲得した認識を通じて取り返しのつかない行為に出て行く能力を人類は与えられるのだ、いやそれどころかその行為に向けて人類は招待されるのだと明らかになった時点で、研究への熱意を自制しなければならなかったのだ、と。あるいは彼らはせめて、たとえそのような中断が研究精神の義務と相いれないように思えたとしても、不吉な発見がいずれも一般の人々に知られることのないよう、ましてやその発見を悪用するつもりの人々に知られることのないよう、考えられうるあらゆる準備を講ずる必要があったのだ、と。このような非難に従えば、ここで問題となっている研究者は、警告を携えて一般の人々に歩み寄ったものの、この警告を周知徹底するには**遅すぎた**ゆえに、科学の公的責任に背いたことになるのかもしれない。公衆に対して研究者を押しとどめるのに十分強力でない科学的態度の倫理に代って、科学的研究の遂行の段階ですでに自ら公衆を考慮するよう研究者に要求する別の倫理が必要だと思われているのである。

私たちは、物理学研究者がそれを無視したことで罪を着せられている要求は、そもそも応えることができたのかという問いを、上述の非難に対置したい。この要求は、自然の認識に向かう努力の流れの全体のなかで、異議を唱えられることもなく、いかなる抑制も必要としなかった科学から、非難され阻止されるべき科学、少なくとも内密にされておくべき科学へと変わる点を、示すことが可能だという前提から出発している。どこにこの点を求めることができるのだろうか？　前に向かって進む研究者の目の前に、それのために破滅が到来するからという理由で認められない、あるいは公表が許されない認識が、いつどこで現れたのか？　これらの問いに答える試みはすべて、その問いには答えようがないという結論に至る。自然の解明の歩み――その歩みは今日、不安をかきたてられる結果に帰着している――を過去に遡っていくならば、物事がある段階から次の段階へと続いていく際の絶え間ない継続性の印象、そして、かつて明るみに出されたものから後に見るものが発展する際の説得力ある論理一貫性の印象に圧倒される。唯一の途方もない三段論法のように、この発展過程は私たちの目の前にある。新しいものや原理的に異質なものの投入を示す中断や急変はどこにもない。微視的物理学の認識においては、直面する世界から自然という「対象」を形成するために人類が自らに要求しなければならなかったあらゆる努力の最終的な収穫が、私たちに提供される。もしここで「有罪者」を探すというのであれば、力学がその基礎を負っている一七世紀の自然科学者は、原子物理学にまで歩みを進めた自然科学者に劣らず有罪である――その場合には、神話という胎内から生成する自然認識を分娩させたイオニアの自然哲学者は、力学の創始者に劣らず有罪であり――その場合には、扱いにくい道具が魔力によって脈を打つと信じていた先史時代の穴居人は、自然現象のなかに神を求める自然哲学者に劣らず有罪なのである。有罪宣告――それが正当だと仮定するとして――をこのような仕方で一般化することがいかに避けられないか。これを教えてくれるのは次の考察、すなわち、考え出された発展の道を前進することで以前も今後も生のなかにもたらされたすべての行為の形式は、私たちを今日悩ませる技術の実践との間で、まさに私たちの不安のもと――この〔人間の生という〕領域に由来する行為が解き放つことのできる影響の不気味な**両義性**――を共有している、という考察である。福音か、それとも呪いか？――原子力に精通し意のままにした現在の人間は、この力が、衰退し続ける連鎖を急速に上向かせることに使用できるのと同じく、人類の自己破壊をもたらす可能性をもつのだと気づいた時、こう問いかけるのである。福音か、それとも呪いか？――人間は、自然物を――それが単なる岩であれ――あるいは自然力を――それが火力、水力、あるいは風力であれ――建設の目的あるいは破壊の目的に投入すべきかどうかを選択しなければならない時、つねにこう問いかけるのである。自然のものはそれ自体、「手段」として、つまり用途を定めない中立の姿で人間に自らを提供し、自らの利用を人間に任せ、その利用を通じて人間は人間自身や、自分自身や、あるいは人類全体に立ち向かう。私たちを驚かす「技術」の完成によって、原理的に新しい何かが私たちの存在に入り込むわけではない。ただ、両義性にすっかり身を委ねた時に人間の行為が破滅を引き起こすことも救いをもたらすこともできる、その程度が見通せないほど大きくなってしまったのである。今日、次元を超えた規模で私たちの地平を暗くしているもの――それは人間が人間であることを始めた時から影として存在の上にあったのである。もし人間が、上述のような非難を自らに招くようなことをすべてきっぱりとやめていたら、私たちは今日なお洞穴に住み、素手で熊から身を守らなければならなかっただろう。

つまり、研究者がここで論じた要求に応じて、ある時点で認識を得る努力をやめ、あるいは少なくとも一般の人々にその努力の成果を隠しておこうとする場合には、彼は事物自体の〔流れの〕なかで生じる急変を見出すのではなく、単に恣意に指示された切れ目を入れることになるだろう。そして、研究者がこの恣意を正当化するために人類の幸福への配慮を拠り所にする場合には、次のように反論されるだろう。すなわち、彼は自らが行った中断によって、自らに終止符を打つ可能性や誘惑から人類を解放するものの、同時にすでに行われた、あるいは今後予想される発見から人類が引き出せるかもしれない利益をも人類から奪ってしまう、と。そしてこの剥奪は、人類の急速な増加がこれまで利用可能だった動力源の枯渇と相まって新しい形のエネルギー供給への欲求を巨大化させている状況においては、確かに重大になるだろう。技術がもたらす影響の可能性の両義性は、その**肯定的な**側面からも評価され考慮されるものであるし、またされるべきである。この方向を示す可能性を閉ざしつつ事柄の成行きに力を貸す権利を、誰が研究者に与えるのだろうか？

そのように意のままにできるかのような思い上がりこそ、はるかに原理的な意味において、異議を唱えられるべきものである。人間の行動の両義性、有益な振る舞いと破滅的な振る舞いの間で選択する必然性は、自然の物質や力を投入して実現される人間の行為の領域に限定されるわけでは決してない。両義性は人間の**すべての**作為と無作為の本質的特徴である。人間の本質が展開されていく方向性のうち、軌道を逸れる危険や自己転倒への誘惑を免れているような方向性は存在しない。人間であることは、つねに自己自身によって問われていることを意味する。それはひとつの苦悩であり、それを担い、それを制御する義務こそ私たち人類の転嫁できない運命の本質をなす。不当にも、また人間の本質に反する形で、行為の一定の領域でこの苦悩を全体から切り離し、限られた専門家集団の肩にかけるよう要求されている。自らのために自然の力を抑圧する者としての人間が直面する運命的問いとは、人類の**全体に**受け入れられ、答えられなければならない問いであり、代理の少数者に押しつけられてはならない問いである。

利用可能な影響力を用いて人間が始める事柄に対して、その力の開発者がもつ責任は、この開発にまったく参加していない者の責任に比べて、大きくも小さくもない。科学は、「人類」という未経験の子どもが痛い思いをするかもしれない事柄に接触しないよう保護する役割を持つ女性家庭教師ではないのである。

しかしようやくここで問うてよいだろう。人類が**あまりにも**長い間勝利を重ねながら歩みを続けた自然の解明の途上で、進歩の力が衰えたという理由からではなく、前進を続ければ制御する自信のない難題に行き着くかもしれないという理由から、突如立ち止まることを望むとすれば、それは人類にとって名誉なのか、と。人間が科学の構築と拡充を通じて自らと自然との間に、人間の知識欲を満足させるだけではなくこれ以上望みえないほどにまで影響力を高めるような関係を確立してきたとすれば――もしこの同じ人間が、圧倒的な脅威と戦わなくてもすむよう、前方へと導く道を歩み続けるのを自ら断念してしまうとすれば、それはどれほど恥ずべき失態だろうか！　人類に対して科学が負わねばならない責任は、科学に対して出された精神的な使命を果たす責任でもあるのである。

すなわち、もし冒頭で引用した自然研究者たちが公衆に向かって警告を発したのだとすれば、それによって彼らは自ら罪を負うべき怠慢に後から、根本的に遅すぎる弁償を試みたのではない。そうではなく——彼らは正当な判決が彼らに期待されてかまわないことを、大規模に実現したのである。すなわち、彼らは自らが管理する科学によって実現可能になった影響に対して人類に目を開かせ、そうすることで彼らは、もはや科学が引き受けるのではなく、この科学によって照らされた人類が全体として自ら引き受けなければならない責任の重さを暴露したのである。しかしながら、このような力を用いることで人類が地上から滅亡するとすれば、このような破滅に対する責任は、この力を可能にした科学にではなく、科学の賜物の誤用を思いとどまらなかった人間の意志にあるのである。

人間に関する科学

以上で私たちが論じてきた科学は、人間**以外の**現実に属する対象に取り組む科学である。したがってそこから得られる認識が役立つのは、人間以外の物質や力を通じて引き起こされる作用に対してのみである。しかし私たちは、このような作用から主体へと視線を向け変えざるを得なかった。この考えられうる作用が用いられるのかどうか、またどのような目的に用いられるのかは、主体の意志決定にかかっている。また私たちは、視線を向け変えることで、**人間**を対象とする科学の領域へとすでに越え出てしまっている。人間に関わる論議を通じて、私たちは、人間に関する科学と人間以外のものに向けられた科学を区別するために上で論じられたことを確認することができる。すなわち、人間に関する科学においては、客体と主体が互いに同一だという点である。人間は、人間と区別された異なる対象を考慮に入れない。人間は、**自己自身**を考える。人間は自らが自然の力を使用する者として存在する状況を思い浮かべる。人間は、その状況で直面している誘惑を確認する。人間は、この使用力を備えた者として負うべき責任と義務について自らに釈明する。しかしこのように人間が自らを照らし出すなかで、人間以外のものに関する科学と人間に関する科学を隔てる区別がもつ、どれほど評価しても評価し過ぎることのない意義も明らかになる。前者の〔人間以外のものに関する〕科学が関わる対象は、科学からの取り組みによってまったく変化を受けない対象である。他方、後者の〔人間に関する〕科学が苦心しながら関わる対象は、思考がそれに注意を向けた途端に、照らし出されていない時とは別物になってしまう対象である。自己自身を知ること——これが意味するのは、単にそれまで目に見えなかった何かをあるがままに明るみに出すことではなく、自己自身を手に入れ、自らが委ねられていた動きの流れから自己を解き放つことである。反省を行う主体は、反省を行う場合と単に理論的関心から自己を照らし出す場合とでは、同じではありえない——このことを考えるならば、このような反省のもたらす変化がどれほど深くに及ぶのかが、すっかり明らかになる。つまり、その反省から生じる解明が意志決定の際にも作用し、その意志決定によって、主体のもつ全権が個々の事例のなかで具体化されるということにほかならない。行為する主体としての人間は、自己自身に向かうことで、この反省が行われない場合とは別の人間になるということを、これは意味するのである。

さて、ここまでの論考から私たちは、何らかの意味において人間と関わる科学の全体に対して確実に言えることを認識した。すなわちその科学は、認識の光に照らされた時には、照らされない時とは別物になるような対象の探究に努めているということである。これは、人間に向かうすべての認識はもっとも深いところで自己認識であるという理由のためである。この命題は、問題となる認識行為の主体である人間が、認識行為の目が向けられる人間あるいは人間集団と異なる場合にも、さらにはたとえば非常に大きな時間や空間の隔たりによって分けられている場合にも、当てはまる。この命題はまた、反省がこの特定の人間ではなく人間「一般」ないしはそのようなものに向かう場合にも、当てはまる。この命題はさらに、反省が人間自身ではなく、その行動、活動、創造、行事、施設に目を向ける場合にも、当てはまる。なぜなら、このような思考に眼差される対象は、認識が外部から仮定と実験を通じて取り組まなければならないほど未知で疎遠なものではまったくないからである。その対象とは、そもそも人間が人間であるためには、そこで呼吸し、それによってひとまとまりのものとなり、そこで活動しなければならないような、生の要素である。人間がそのような対象を意識する反省とは、最初に息をした時から人間とこのような自己生成の媒体との間に結ばれる連帯を、自ら確証し確認することにすぎないのである。

自己省察を通して人間は自らの固有の存在に光を当てるが、この自己省察は、それに関係なく自らに定められたとおりに展開していく出来事の伴奏にとどまるわけではない。このことが特に決定的に示されるのは、思考においてである。明らかに、その対象となる現実が消え去る——しかもその必然の影響として、思考が止まり、人間が自己を維持できなくなる——ようなことなしに思考が止まることはありえない。人間は、共同体に結束や堅固さや継続を与えようとする秩序なしには存在できないだろう。この種の統一を通じて力を集結し、争いを鎮めることに成功しない場合には、人間は自然の優位に太刀打ちできず、自己破壊の運命から自らを守ることもできないだろう。人間にはこの秩序だけが慈悲深い自然を通しても容易に手に入らないのである。動物の「国家」はその存在体制の内容や方法を、その体制の構成を支配する種の理性からの指示に負っている。人間の国家は、人間自身によって創造され、維持され、統制される。すなわち人間の国家は、それを構成し、保護し、形成し続ける行為なしには、あるいはこの行為の出発点となる意志なしには、そしてこの意志が助言を受ける思考なしには、存在しない。さらに、国家を形成する行為に関して言えることは、法や社会や経済や教育といった現実が存在するために実行され持続されなければならない活動の全体にも当てはまる。これらの現実はすべて、つねに前に向かって自己を更新するための行為を必要とする。その行為のおかげで現実の動きは保持され、新しい形式へと導かれる。しかしこの行為は、つねにそれに方向性を指示する思考を前提とするのである。

ここから、先に挙げたような現実の領域の解明を自らの課題とする科学の起源と本質も明らかになる。政治学、法学、社会科学、経済学、心理学、教育学、さらにはこれらすべてを包括する歴史学――これらの科学はすべて、認識する精神が、精神とは無関係に生起し存在する現実、精神とは無関係に維持され形成され続ける現実の、全体ないしは一部を観察しようとする衝動に動かされて初めて生まれたような科学ではない。それらの科学のなかに私たちは、ほかならぬ方法的に完成された思考をもっているのであり、その思考は、それが向かう現実の不可欠の一部でもあるのだ。国家のあらゆる行為や行事や施設を準備し組織する思考がそれらのすべてに決定的に関与していなければ、国家は国家ではないだろう。ましてや国家理論は、それが最終的、科学的に純化された形式を取る場合には、国家の現実に関心をもつ観客が行う付随的な考察ではなく、国家自体の生の過程における原動力なのである。国家の多岐にわたる現実からこのような解明が抜け落ちるならば、国家は国家ではなくなるだろう。同じことは、人間という存在が何らかの形態を取る、その他の生の傾向のすべてに当てはまる。

人間的なものの領域に足を踏み入れた時に科学が関わる対象は、科学の努力を無関係な出来事のように自らの外部にとどめるような対象ではなく、それを形成力として自らの内部に取り入れるような対象である――このような事情のゆえに、この移行とともに科学の公的責任は飛躍的に高まることになる。というのも、その移行とともに生じる認識するものと認識されるものとの浸透によって、認識という行為において生じる事柄は重みを増すからである。その重みは、その行為が向かう人間の生にその行為の影響が介入する、まさにその程度に応じて増大する。認識の研究は、研究に参加する者を、成功と失敗のすべての浮き沈みに、真理と誤謬のすべての弁証法に巻き込む限りにおいて、つねにドラマと比較される。しかしながらまさに、このドラマが真理の獲得に力を振り向ける者の側やその者の心のなかでのみ演じられるのに対して、探究されるべき現実は完全に手つかずのままに放っておかれるのか――それとも真理の光によって照らされるべき現実のすべてが巻き込まれるのかは、まさに大きな違いである。というのも、この巻き込みの結果、真理の獲得に成功するか失敗するかの問題は、真理を求める者だけに関係するのではなく、認識において探究される者にとっても、いやむしろとりわけ探究される者にとって、運命的な問題になるからである。しかしながら、認識する者と認識される者との同一性の観点からみれば、真理を把握することは、真理を通じて明らかになる現実に役立つ以外にはありえない。なぜなら、人間がこの現実に介入するすべての行為は、行為に助言を与える洞察が明るければ明るいほど、より確実に救いへとつながるからである。しかし他方では、同じ理由から、真理の獲得の失敗はまた、正しく把握されていない現実に損害を与える以外にはありえない。なぜなら、人間がこの現実に介入するすべての行動は、行為を誤らせる誤謬が著しければ著しいほど、ますます必然的に災いを引き起こすからである。国家と法、社会と経済、行政と教育、そして単にこれらに割り振られるだけではない科学は、それらの生を支配する思考が道を誤る場合には、犠牲者となる。ここで初めて正当にも、科学が引き受けなければならない「公的」責任が実際どれほど大きいのかが明らかになる。

さてしかし、この領域において科学の公的責任を著しく増大させる同じ状況が、この責任を果たすことを人間に難しくさせる抵抗をも同じ程度に増加させ強化させる――このことは、まさに運命的な難題である。**人間以外の**現実に関わる限りでは、人間は次のことを理解している。

すなわち、物事の固有の性質とは異なる形で物事を観察しようとする試みをすべて自制しなければ、理論的には目標に到達せず、物事自体が目的とするあり方とは異なるあり方を物事に押しつけようとする試みをすべて自制しなければ、実践的には目標に到達しない、ということを理解している。それゆえ人間は、理論的かつ実践的に前進しようとすれば、「客観的」になる以外にはない。自らの主体性に沈黙を課す場合にのみ、人間はこの〔人間以外の現実の〕領域を支配する。しかし人間が**人間的な**物事の現実と関わる場合には、人間は次のことを理解する。すなわちまず、現実のなかに投入されている人間の活動がなければ、その現実はあるがままの現実にはならず、次に、この現実が存続すべきであるならば、人間の活動ならびに人間とともに始められた活動が、引き受けられ継続されなければならないことを、理解する。したがって人間は、人間自身を自らの外部にとどめ置く現実ではなく、形成力として自らのうちに取り入れる現実――自然がそこで人間と対立し、また人間からの影響をまったく受けないまま人間と対峙しているのではない現実と関わりあっていることを理解する。そしてこの影響の可能性の有無は、人間にとってまったくどうでもいいものではなく、人間にとってきわめて重要なのである。なぜなら、自ら人間である人間は、人間的な関心事に、当然ながら外的な観察者の冷静な落ち着きをもって出会うのではなく、きわめて明確な願望と意図、欲求と要求を持って――

言い換えれば、荒削りの興味の極から崇高な理念の極にまで広がる関心をもって――出会うからである。このことは〔個々の〕人間に関しても、生が個人をそれに引き合わせる人間集団に関しても当てはまり、またまさに、人間の存在の領域を支配している生の秩序に関しても当てはまる。現実は人間自身と関わり合い、人間の活動と境遇を強力に共同決定するがゆえに、どうして人間はその形態と管理に対して無関心でいられようか！　人間は、この領域に対する肯定的ないしは否定的な評価を心に浮かべることのないまま、観察や判断といった構えのみで現実と関わり合うことはできないのである。この評価こそ、人間が意志をもつ者、行為する者としてその同じ領域と関わりを深めるまさにその時に初めて、声を高めるのである。

このように現実の領域は、観察においてすでに、また行為においてまさに、その形態を変化させるがゆえに、観察する主体とも行為する主体とも切り離すことのできない領域であることが明らかになる。同時に現実の領域は、観察する主体であろうと行為する主体であろうと、深く心を動かすような関心によってそれに捕らわれていると感じる領域であることが明らかになる。この領域に向かう場合には、真理の意味が人間以外の現実と出会う場合とはまったく異なる誘惑に直面していることに、驚かされないだろうか？　いかなる説得にも譲歩しない自然を探究する場合に比べて、自己を主張する対抗者が思考に方向性を示さないところで真理への意志が自らを貫徹するのは、はるかに難しいのだろうか？

ここで示された絡み合いは、純粋な**観察**の領域にはどのように当てはまるのだろうか？あまりによく知られた経験が私たちに教えるところでは、人間は自らにとって切実な人間的な物事を、見たいと思う仕方で見て取り、前理論的な決定において確認し確定する傾向が強い。他方また、観察する精神が意志する精神に従属している様子がもっともよく読み取れるのも、まさに人間によって形作られる生の秩序の領域である。国家や社会や経済の秩序に関して特定の希望を示し、特定の要求を掲げ、特定の計画を擁護せずにはいられないと感じるすべての人間や人間集団のなかに、密かな衝動が働いている。すなわち、自らの計画に説得力をもたせるために、人間の関心事の全体を明るみに出して示そうとする衝動である。そうした先取りにとって都合のいいように置き換えられなければならないのは、いつもとりわけ歴史である。歴史は、気づかれないうちに、共同体の規制に関わる特定の構想にとっての宣誓保証者になる。当事者にさえほとんど気づかれないまま、まして有利に働くことなく、「事前の—判断〔先入見〕」という形で、芸術性豊かに構成された理論の建築物に**誤謬**が忍び込み始める。真理は最初の毀損を被ったのである。

そして、このようなまだ制御できない過誤のなかで漸層法が始まり、軽率に許された歪曲から故意に施された修正を経て全体像の計画的な偽造へと展開していく。この結果、直接には意図されていない誤謬は、やがて故意の**嘘**へと移行する。繰り返すならば、この嘘の精神が襲うものがとりわけ歴史なのである。歴史は、歴史からの援助を要求する者に都合のいいように書き換えられることを甘受しなければならないのである。そして、このような偽造の障害となる疑念が一度封殺されると、良心の呵責を知らない決意とともに、すべてを包括する教理が確立される。この教理は、表向きは真理を求める純粋な熱意から生じたように見えるものの、実際には、自己の貫徹に執心する意志の牽引車として役立つにすぎない。

しかし、この教理の完成によってすでに、最初は理論において行われる物事の歪曲がそれに対応する**実践**に移され、現実自体にその影響を及ぼす地点に到達している。このことは、ここで示している思考と現実の絡み合いに取り返しのつかない結果を招く。というのも、人間は、現実に対する行為者として、繰り返される失敗に苦しみ誤認の罪を現実自体によって証明されることなしには、観察者として**人間以外の**現実を誤りなく見ることはできないからであり、他方で人間は、物事の流れを通じてすぐさま秩序を守るよう警告されることがなければ、**自らの固有の**現実に関して妄想や欺瞞の犠牲者になることもあるからである。人間存在の現実を著しく捉え損なう、あるいは偽造する政治的――社会的教説が、人々の心を虜にする宣伝力を通じて、世界を作り変えるほどの影響を及ぼし、その結果、その教説の妥当性を支持するように見える成功を自らに約束するという事態が起こりうる。反対に、人間存在の現実に驚くほど肉薄する政治的―社会的教説が、人々の心にほとんど感銘を与えないという理由で実践的な影響を欠き、その結果、その教説の妥当性のなさを支持するように見える失敗に苦しむという事態も起こりうる。この本末転倒の力によって、最初は自らに仕えるよう理論を強制した意志が、その理論において目指された現実をも手に入れ、そうして現実が理論的に主張された事柄の実験的な確認になるようにも思える仕方で、現実を作りかえる可能性を得るまでに至ることもありうる。こうしたことは、政治的共同体が行う私たちにあまりにも馴染みの実践、計画的に実行された示唆から血なまぐさいテロまでの広がりのなかで、心を処理する手段を総動員して、その共同体の正典化された救いの教説を独裁政治に高めようと努める実践において生じる。人間存在を否定する欺瞞がここで傑作を作るのである。その正体が暴露されるならば、誤った扱いを受けた現実が最後にはその歪曲者の身の上にも降りかかるのだが、そのような暴露がなされるのはたいていの場合あまりにも遅く、悔恨と自責の念が引き起こされるだけにとどまるのである。

上で考察した現実の領域に思考が向かうことで、真理への意志が直面する誘惑とそそのかしも増大するが、その増大の程度に応じて、当然ながら、かの誘惑に屈しないために意志が投入しなければならない防衛策も強化されなければならない。この策はひとつの徳にまとめられる。その徳を私は**注意深さ**と名づける以外にできない。真理を求める精神はまず、精神が人間と権力、団体と共同体、状態と慣習――これらに顔を向ける時、精神のなかに愛情と嫌悪、希望と懸念、抗議と切望が意識的ないしは無意識的にわき起こってくるため、精神がそれらにまったく中立に出会うことは難しいのだが――に関わる場合につねに精神自身の内面から生じうる誘惑のすべてに対して、注意深くなければならない。精神世界の市民として私たちはともかく数多くの存在の領域に関わるが、いかなる領域も、何らかの賛成ないしは反対を私たちのなかに響かせることはない。認識行為が認識を通じて解明されるものにふさわしくあるべきならば、このような偏りのある心の動きはすべて沈黙させることができなければならない。

真理を求める者の**内面**から生じる誘惑に対する注意深さが喚起される限り、人間的な物事を解明しようとする努力がそもそも存在して以来掲げられている要求が、その徳のなかでかなえられる。政治的な支配意志の吹き込みに服従しつつ、人間存在を明らかにする真理の偽造と真理を偽造する教理の普及を体制へと発展させたあの権力から身を守るために同じ〔注意深さという〕徳を呼び出すならば、私たちは近い過去そして現在の領域に入っている。私たちが上で、時代がさらされている脅威に関して、嘘の毒がその時代の組織のなかにますます広がっていると訴えた時、それが意味していたのはとりわけ、全体主義的な「世界観」によって実行された真理の歪曲であったが、私たちの心を捉えた、その歪曲に屈服する同時代人の抵抗力のなさを意味してもいた。科学が公衆に対する義務を意識する場合に科学が意識しなければならない使命が現れる場面とは、避け難く切迫した場面にほかならない。世界支配をねらう通告――この通告はその信憑性を高めるために自らを科学の名で飾り、まさにそうすることで、真の科学がその旗印のもとで活動を行う理念にまったく矛盾するのだが――に直面する時がまさにそうである。科学とこの血なまぐさい科学の歪曲の間に調和があってはならない。自らを専門的に限定された真理ではなく真理「そのもの」の番人だと感じる要求が、科学の専門的な代表者たちの間でごくわずかな賛同しか得られないとすれば、その要求に反対するすべての言い訳を沈黙させるには、科学を人類の奴隷化の機関へと貶める極端な試みに視線を向けるだけで十分のはずである。真理に宣誓した者の結社が、真理の名のもとに行われた欺瞞から真理を守ること――今日、真理に必要なのはまさにこれなのだ！

しかしながら、ここで述べたことは決して、あたかも人類の物事を形成し支配する意志が作用しているところでは科学が沈黙しなければならないかのように誤解されてはならない。そのような主張は、人間世界に関係する真理のそもそもの存在に異議を唱えること、それゆえ、そこに属する科学の責任を真っ向から否定することにほかならない。そうではない。否定されるべきは、科学的に根拠づけうる事柄を意志の指令で置き換えるよう基本的に主張するような教理――言い換えれば、人間を理解し助言するのではなく指揮しようとする教理が、自らを科学として承認するよう要求を掲げることである。真の科学がこの不当な要求を科学の使命と相いれないものとして拒絶することで、真の科学は、科学に期待される情報が広がる範囲を書き換え、科学に与えられた全権が消えてしまう境界を明らかにし、さらにはつねに繰り返し自己を貫徹すべき意志に自由――まさにそれを保護することこそが人間を人間にするのだが――を認める。あらゆる個別の科学――国家、法、社会、経済、教育などについての科学は、人間自身が創り出し人間自身が維持すべき現実を人間に明らかにすることに努めるのだが、それらの科学は協力して、まさに今〔人間によって〕下されるべき決定の土台となる地平を明らかにする。しかしそれらの科学は、人間が自己を奪われ科学の指示の執行機関へと格下げされるような仕方で、その決定を受け入れるわけではないのだ。

科学の自己誘惑

公衆が科学に責任を負わせることへの権利ときっかけを手にするのはつねに、道を進むなかでさらされる誘惑に対して、必要なエネルギーをもって抵抗することに失敗する場合である。——その誘惑に屈する時には必ず、人々は醜い姿になるのみならず、その生も狂わされる。ここまでで私たちは、その起源が科学の領域の**外部に**求められなければならない誘惑について見てきた。時にはまったくあるいはほとんど気づかれないまま科学をその軌道から外そうと努めるような感情の動きが、科学の外部で生じる。それどころか科学の外部には、科学を自らの目的のために動員することを意識的に目指す意志の傾向が存在する。さてしかし、以下で私たちが考察するのは、特に大きな説得力をもつひとつの誘惑である。その説得力が大きいのは、その誘惑が外部から科学を支配しようと試みるのではなく、**科学自体の内部から**生じるからである。つまり、これから論じられるべき誘惑にとりわけ容易に襲われるのは、科学外の目的によって捕われると考えている人ではなく、むしろ、科学自体のなかの可能性を完全に発展させることを念頭に置く人、しかもこの発展を通じて初めて科学は、一般の人々の生に、その発展によって期待される援助を与えることができるようになると確信している人である。つまり、そのような努力の背後にあるのはまさに、科学と公衆を結びつける責任の意識なのである。容易に理解されるとおり、この意識に結びつく誘惑はとりわけ容易に制御を逃れるため、それに対抗することはとりわけ困難である。

ここに属する誘惑の本質と由来を理解するため、私たちは、科学が被っている分裂にもう一度立ち返る必要がある。その分裂の理由は、科学が一方では人間以外の現実に、他方では人間の現実に取り組んでいることであった。人間以外のものに関する科学について私たちが確認する必要があったのは、次のことである。すなわち、その科学が、とりわけ数学的に構成された無機的なものに関する科学として、理論的に見て他の場所では到達しなかったほど高度な正確さで際立つだけでなく、その成果にもとづいた実践的行為にも、同様に他に類をみない確実さを提供するような成果をもたらすということである。数学的自然科学と技術は協力して、人間が遭遇する世界との関わりのなかで人間が用いたいと思う情報と指示を、この上なく完全な形で人間に提供する。他方、人間に関する科学について私たちが納得しなければならなかったのは、次のことである。すなわち、その科学が、正確さや目標の確実さという点でもうひとつの科学に引けをとらないような理論的な解明も実践的な指示も、提供する必要がないということである。

自己自身の現実に関わる科学のこのような見かけ上の立ち遅れを受け入れることが、人間の精神にとって容易でないのは当然である。その解明が役立てられるべきものが**自己自身の**存在の現実である場合、当然ながら精神は認識の明晰さと行為の目標の確実さをきわめて強く要求するため、〔その立ち遅れは〕なおさら人間の精神にとっては耐え難いように思えるに違いない。人間の精神は、まさに自己自身の幸不幸がかかっているように見えるところで人間の精神を見捨ててしまうような科学には満足できないのである。

新しい自然科学が世界をその発見で驚かせた時に人間の心に生まれた期待を理解するには、この失望感を思い起こす必要がある。このような科学を前にして、次のような考えが起きたのではなかっただろうか。すなわち、「客観性」、明晰さ、そして信頼性という点で人間以外のものに関する科学にひけをとらない科学によって、人間やその行動や活動を通じて形成される現実を解明することが可能ではないのか？　人間的なものの領域の内部に留まっている**行為**もこの科学の成果から導き出されるであろう指示に従うかもしれないがゆえに、その行為にとっても有益であるという理由から、もし目的に到達するのであれば、そのような科学を基礎づけようとする努力は、二重の熱意で追求されるべきではないのか？　判決を下す権能を持ちその任に当たる、人間に関する科学が存在しないがゆえに、人間の領域において無制約に異常増殖しうるあらゆる不確実性、不一致、捉え損ないは、上に挙げたような性格を備えた科学が人間に助言をする場合には、すぐに消え去るだろう！　人間的な物事に関する、満足のいく持続的な秩序への憧れは、そのような科学が秩序づけられるべきものを最終的に解明するならば、かなえられるだろう！

　ところで、このような要求の実現は、自然に関する科学がその完成をみた後では、まさに希望にあふれているように思える。というのも、科学がこの完成を負っているものは何だろうか？　それは、科学によって用いられた**方法**である。しかしこの方法が適用される領域は、それと取り組むなかでその方法が発展しその素晴らしさが実証された現実の領域に限定される必要はないのだ。一定の現実の領域との取り組みのなかできわめて上首尾に試験に合格した手続きを、その起源となる領域から切り離し、さらには本来その手続きにとって未知の現実の領域へと持ち込むことを、私たちが思いとどまるべきかどうかは、不明なのである。そしてこの方法は、その性能の最初の試験が行われた領域に限って使用される必要のまったくない、単なる**道具**以外の何物でもないように見える。それゆえ私たちは、人間以外のものに関する科学がその完成に向かうべく力を貸してきたのと同じ方法を用いて、人間に関する科学を構築しようとするのである！　努力が成功を収めるならば、私たちは指示書を手にすることができ、それを遵守すれば人間世界における、そして人間世界に対する、確実な目標を持った影響が私たちに保証されるのである。

以上によって、すでに一七世紀に新しい自然科学に魅了された国家理論家や社会理論家の頭に浮かんだ思考過程の原理が示されている。しかしそれはまた、その後も繰り返される更新やさらなる展開によって維持され、実に幅広い人々の目にも高い説得力を得た思考過程の原理である。この思考過程が最後に行き着いたのは、数学的自然科学とその双子の姉妹である技術との関係と、人間の現実に関する正確な科学とそれにもとづく人間処理の技術との関係を、一対にする試みである。この一対が成り立つためにいかなる論理的―方法的条件が満たされなければならないかは、容易に見て取れる。人間の現実は**一般法則**に還元することができなければならないだろう。これは、数学的自然科学が無機的なものの現実を**一般法則**に還元することで支配下に置くのと同じである。そして、この一般法則の知識から、自らを人間処理の技術へと昇華するために行為が従わねばならない一般規則の体系が導かれる必要があるだろう。実際、ここで原理的に要求されているものを実行する試みがなかったわけではない。自然の力――それを一般法則に還元することが自然科学の課題である――と人間の「力」――それを同じように法則に還元することが、要求されている人間科学の課題である——とが並置された。このような「力」は、心的、社会的、歴史的な生の領域に求められた。心的、社会的、歴史的な生が従う「自然法則」を手に入れることができると信じられた。そして、自然に関する法則科学が自然処理の技術へと続いていくのと同様の論理一貫性をもって、この法則の知識から人間処理の技術が導き出せると信じられた。それによって入手できると信じられたもの、それは心を処理する技術、社会に形態を与える技術、歴史を統制する技術にほかならなかった。

このシェーマのもとで個々の処理者が着手した事柄のひとつひとつの形態を詳しく取り上げる必要はない。私たちには、そのような人間世界に関する自然科学の理想とその科学にもとづく人間処理の技術の理想が生まれるもとになる思考上の結びつきを追求すること、またそのように形成された人間科学を実行に移そうとする過剰な希望を理解することで十分だろう。それまで人間以外の現実に関してのみ成功していたのと同じように、人間が固有の現実を「手に入れる」というところまで、最後には至るべきなのだ！　人間の生の秩序が、変化する歴史的状況の無制限の偶然性や、まさに権力の座にいる者の無規則な思いつきに委ねられたままであることに終止符を打ち、人間の存在の形態が、厳密な方法に従う理論と科学的な処方箋に従って行われる実践の手に委ねられるべきなのだ！　そのような形で立案されたプログラムの実行に全力を尽くさないとしたら、科学は何と恥ずべきことに、公衆に対する責任を無視していることか！

上で再確認した思考過程は、見ての通り、あくまでも一定の範囲内にとどまっている。すなわち、その思考過程における考察は、数学的自然科学の出現によって科学が置かれることになった状況から、実際に要求される結論を引き出す以上のことをするつもりはないのである。科学への熱意によって満たされた、また同時に私たち人類の幸福を考えた人間は、このような内容を要求するに至ったのだと理解するために、理論の外部にある傾向や欲求や強制に立ち返る必要はない。にもかかわらず確認する必要があるのは、すでに述べたように、この教説がますます多くの同意を得るに至ったのは、その論証の論理性のためだけではない、ということである。同時代人に影響を及ぼしたその教説の説得力の根拠は、「人間の生の自然法則」を問い返す科学によって構想された人間存在のイメージと、科学に前述の発展をもたらした数世紀のなかで文化的な人類が形成した存在の体制との間に、目を引くような、そして絶えず高まる一致がみられたことにもあった。まるで人類が――人類に向かう科学が確認することとはまったく無関係に――「自然法則」に還元されることに反対していないように見えた。のみならず、それをむしろ必要とするような〔生の〕形態を取っているように見えた。これが意味しているのは、さまざまに論じられたあの発展のことである。私たちの時代になってようやく「機械化」、「集合化」、「装置化」などと呼ばれる形態の傾向が看過できなくなったがゆえに、その発展の方向性と範囲を明確に見据え十分に評価することが私たち現代人に初めて許されている。人間の生と労働の秩序が「メカニズム」と呼ばれる機構に似れば似るほど、その秩序のためにますます、人間の存在の流れを、その存在が明らかに従う「自然法則」に還元しようとする気持ちがかきたてられるのである。

さて、ここでその「一致」が問題となっているその発展の二つの流れは、実際には互いに無関係にその歩み――その事例を見るならば、私たちの国家や社会や経済の秩序の事実上の性質のなかに、純粋に論理的―方法的な考慮から出発した人類の理論に関する、驚くと同時に納得もするような証明が見出せるかもしれない――を進めた、というのは明らかに正しくない。前述の「機械化」が出現した実際のただひとつの理由は、数学的自然科学の基礎づけとさらなる形成という形でその偉業を成し遂げたのと同じ理性の指示に従って、人間の労働やこの労働を行う人間社会が組織化されたからである。「機械化」の本質は、徹底的に実施された「合理化」にほかならない。しかし他方、同じ数学的自然科学は、人間に関する科学がそれに準拠するよう要請されたモデルである。つまり、人間社会の現実の構築をこれ以上なく強力に規定し、自然に関する科学およびそれと連帯する技術を生み出し、それらに一致する人間の生に関する科学と技術を要求するのは、同じひとつの理性なのである。それゆえ、先に示した相互の一致が姿を現すのは不思議ではない。同様に、共同で営まれる生の形態が上の要求に明らかに正当性を与えるようになればなるほど、その要求が納得されるようになるのも、理解できることなのである。

ただし、この心理学的に理解できる印象によっても、次の事実は変わらない。すなわち、論理的―方法論的考察から生まれた人間の生の「自然法則」に関する科学の要求は、自らの正当性を証明するために、合理化によって引き起こされた人間的な物事の状態を持ち出す権利を持っていない、という事実である。この人間的な物事の状態は、自ずから成立したものではなく、上の要求においても姿を表している同じ理性の所産である。理性は、その状態によって、あの要求の権利にとっての証拠を自ら正当化したのである。しかし、この上述の状態はあるいは、その要求――その要求に都合のいいようにその状態が引き合いに出されているのだが――を支持しないどころか、むしろ否定するのではないかと、さらに問わねばならない。というのも、その状態が成立するにあたって「法則」が作用していることは事実なのだが、この法則は「自然法則」にほかならないからである。自然法則と呼ばれてよいのは、発見され受け入れられるべき物事の性質――そのような性質のみが「自然な」と見なされるのだが――を定式として表現する法則のみである。しかし、この呼び名は、「設定された」法則と呼ばれなければならない法則――つまりその内容と妥当性が人間の**意志**にもとづくような法則――にはふさわしくない。けれども、このような意味での「設定された」法則とは、実際には、人間の生が合理化に強く影響を受けて形成された形式を取るために必要とされた、すべての規定や規則である。この形式が、人間の「本性」に一致すると主張できるだろうか？　その形式は、少なくともこの限定された意味において、「自然法則」から前もって指示されていると言ってよいのだろうか？

この問いに対する答えを私たちに与えてくれるのは、合理化が引き起こした生の体制を名づける際に時代の意識が用いた表現である。すなわち、「機械化」、「集合化」などの表現から、この表現で名づけられた機構が人間の「本性」の実現に力を貸しているのだとする賞賛を読み取ることは難しいだろう。むしろ、それらの表現が訴えているのは、疑わしい「法則」に従うことによって人類が被る歪曲に対する嘆きである。それらの表現によって、「設定された」法則は「自然法則」に**矛盾**するとして非難されているのである。同時にそれらの表現においては、合理化された人間世界の法則的に規制された機構を持ち出すことで、人間の生の「自然法則」

の有効性を示すことができると誤解した科学が否定されているのである。

さて、この論考のねらいは、合理化にともなう不都合を不満とともに明らかにし、その不都合のなかに人類が犯した過ちの結果を非難すべきだと考える説教師の合唱に唱和することではない。このような判決の見当違いを〔人々に〕確信させることは、公的な科学が責任をもって認知しなければならない義務だと思われる。しかし、同じ責任は、それに劣らず次のことを強く命じる。それは、合理化がもたらした生の秩序を「自然」から人間に与えられた課題の実現として賛美することは、合理化がもたらした「進歩」からみれば当然だと考えるすべての人が抱く、潤色的な楽観主義を否定することである。そして、このような否定の態度はまさに今日、いよいよ正鵠を得ているのである。それは、この楽観主義が生の情趣や生の解釈として信奉者を募り、見出しているからである。のみならず、この楽観主義が、合理化とともに現れた行為と成果の体制を完成させるという企てに全力を傾注している政治体制の魂にまでなっているからである。その企ては、心を奴隷にするための考えうるすべての手段を使いながら、また同時に、「社会の自然法則」の完全な実現はまさにそうすることによってのみ促されるのだと宣言しながら、進められた。弁証法的唯物論は、それを国教の位に昇格させた共同体にとって貴重である。というのも、その共同体は形態や管理の点で人間の生の「自然法則」に隅々まで一致し、それゆえ自然が私たちの種に設定している最終目的へと確実に導く唯一の国家形式である、とする証明書を弁証法的唯物論がその共同体に発行するからである。

形態や管理を通じて人間の生の「自然法則」を完全に実現させることを天職と信じる国家が人間を支配した場合、人間がどうならなければならないのかを、無類の世界史的実験を通じて目前に展開したことは、共産主義国家の否定しえない功績である。その本質について自然法則の科学が情報を与え、その扱いについてこの科学にもとづいた技術が確実な指示をあたえるような、そのような創造物を人間のなかに見出す者は、理論的にも実践的にも人間をひとつの対象に変え、それによって、人間をまさに本来人間にするもの、すなわち自己を人間から奪ってしまう。人間は、そのように取り扱われるならば、自動的に「人格」であることをやめ、「事物」になる。人間をそのように格下げする国家が格下げされた人間に対して強制するすべての横暴は、国家の指導者の心を満たす権力欲求が制御不能だという理由からだけでは説明できない。それはまた、そしてまさに、人間が実践的な対象にもなる場合にのみ正当なものとみなされうる理論の必然的な帰結であり、あらゆる非人格化の技術が投入されることでのみ、達成されるのである。人間の行為の機構を機械的な精密さで動く装置に改造することを自らの課題と見なす者は、人間に要求されるメカニズムから人間が脱走することを防ぐ安全装置を至る所にとりつけることしかできない。

しかし、この世界史的実験によってとりわけ、次の事実を見逃すことがどれほど致命的であるかが明らかになる。それは、自然科学や技術で試された思考と行為の形式を人間の現実の領域に転用するという、最初は純粋に思考上の動機から生じた衝動が、結果として理論によって構想されうるこの現実のイメージを歪めるような誤りに至るのみならず、この現実自体を救い難い混乱に陥らせる誤りを正当化することにも役立つという事実である。そこから、ひとつの難題が私たちの視野に入ってくる。それは、特別な形態を取ることでもっとも容易に注目を免れる科学の公的責任を目に見えるようにするために私たちが想起しなければならない難題である。人間は生を支配する「法則」を見出さねばならない、そうすることで、この法則の知識によって導かれながら、生を人間にふさわしく「技術的」に扱うことが可能になるのだ、と人間に吹き込む自称「科学」は、人類の自己破壊に帰着する発展を前進させることに加担し、寄与する。また、たとえこの「科学」に力を尽くす者の心が、真理を明るみに出し、真理の暴露を通じて私たちの種を救いに導くという純粋な意志のみで満たされているとしても、この人類の破滅からは何ひとつ差し引かれない。そのような者が支持する妄想の破壊力は、その善意によっては、少しも失われない。人間に関する科学――たとえそれが心理学、社会学、人類学、歴史学であろうと――を疑わしい科学の理想の方向に導く傾向が、共産主義国家ブロック以外でも、つまり「自由な」世界においても広がっていることを確信している人には、そのような善意をもつ者に瑕疵がないことは明らかだろう。

それに注意するよう科学の責任が命じる誘惑のうち、もっとも容易に観察を免れ、それゆえにそれと戦うのがもっとも困難な誘惑こそ、まさにもっとも危険な誘惑なのだと、上で言うことができた。その理由が今ようやく認識される。科学にもっとも多くの苦悩をもたらすのは、科学が科学外の力の好評によってそれに呼び寄せられる誘惑ではなく、科学の固有の領域の端から端までそれに巻き込まれている誘惑である。これは、科学が公衆に対して負わなければならない責任が、まさに公衆の認識と影響からもっとも離れているところで最大限に達していることを意味している。自らを誤解する科学――固有の可能性と全権に対する見通しを失う科学、そうした科学は、成熟した人類の存在がそのために犠牲となる脅威にさらされている、まさに破壊的な暴力なのである。人間に関する科学がその課題のすべてにおいて専心すべき注意深さが必要なのは、他のどこにもまして、人類を幸せにする者という仮面を被って入場許可を要求する似非科学の宣伝の前においてである。

結語

科学が肝に銘ずるようここで要請されている責任とは、あの最高善への責任、すなわちそれが守られることで、人間を人間として特徴づけるどのような本質の指摘も、人間の活動のうち科学と呼ばれる活動も、ともに可能となっているような善への責任である。その善とは——人格の存在の成否がそれに左右されるような**内的自由**である。科学を科学でないと否定できる理由のなかでもっとも根本的なものは、その自由な自己確証なしにはそもそもいかなる精神の活動も存在しないであろうものを、それがないがしろにしてしまうという理由である。自らの固有の行動の基礎にある事柄への責任を研究者にそのように肝に銘じさせることで、一見すると私たちは、冒頭で引用した研究者がその名のもとで一般の人々の良心に訴えた責任の対極に到達したように見える。彼らの警告は、人間**以外の**ものに関する(それ自体は問題のない)科学を通して人間が自らを破滅させるような状態に置く、**外的な**影響に関連していた。私たちの警告は、**人間**に関する(すでにそれ自体に問題を含む)「科学」を通して人間が自らを醜悪にする羽目に陥る、**内的な**影響に関連している。すなわち、私たちの歩みは、そのような外部から内部への歩みであったように見える。けれども、よく見るならば、このような対置によってより深い連関を捉え損なうことになる。実際には事態は次のとおりである。すなわち、私たちが先の発言で保護を支持したあの内的な善は、出発点として用いられた出来事によっても、また私たちの考察の終章によっても、それが放棄できないことを証明されたのである。というのも、私たちの考察がその宣言に関して始まったのが自然科学の分野の研究者であったとすれば――その警告のなかで発言を許されたのもそれゆえ自然科学ではなかったのだろうか？　より正確に言えば、自らを脅かす脅威の内容と方法について研究者が人類に啓蒙した言明は、自然科学的な思考の内容と方法に従う研究者の言明ではなかったのだろうか？　まったくそうではなかったのだ。その言明は自然科学的な思考の成果**に関係していた**が、その言明それ自体は自然科学的な思考の成果**ではなかった**のである。その言明のなかでは、いかなる自然科学も、また人間に関わるいかなる自然科学も、発言を許されてはいなかったのである。自然科学の本質をなすのはまさに命令法ではなく叙述法で語ることであるがゆえに、すでにそうではありえなかったのである。その言明のなかではまた、いかなる人間処理の技術も用いられていなかった。技術は、行われるべき**方法**を語りはするが、行われるべき**内容**を決して語らないがゆえに、すでにそうではありえなかったのである。そうではなかったのだ。ここで自然科学とそのありうべき影響

について語られたこと、それ自体は自然科学ではなかった。それがどのような性格や方向性をもっていようとも、それはまったく自然科学ではなかった。それは、科学によって人間に明らかにされた影響の可能性に直面して研究者が感じた良心の葛藤が言葉に表されたものであった。言い換えると、私たちが考察の最後にあらゆる毀損から遠ざけようと努めたもの、つまりその自己存在を決して減じられてはならない**人格**の、まさに表出であり証明だったのである。なぜなら、義務を引き受け遵守すること、責任を自ら引き受け実行することができるのは、ただ自立した人格のみだからである。自然科学の研究者は、自らの良心に責任があると考えたとおりに行為したことによって、そうと気づかないうちに、人間から自己を奪い事物へと格下げすることで人格としての人間を否定する科学に対する反対票を投じたのである。すなわち彼らはまた、彼ら自身の科学に固有の思考形式を人間の現実に強制しようとするあらゆる教理に対する反対票を投じたのである。

以上の考察に照らすならば、私たちの出発点となった原子力研究者の行為は、科学の領域内での私たちの探索が最終的に帰着する洞察を、まさに描写し確証したものであることが明らかになる。人間以外のものを探究する研究者の行動のなかに、人間に関する科学が表明すべき真理が姿を現している。輪は閉じられているのである。

原注1　この論文は一九五六年六月に行った講演がもとになっており、同じ年に仕上げられた。したがってこの論文には、一九五七年四月にドイツの一八人の原子力研究者が公表した「ゲッティンゲン宣言」に関連して語られるべき事柄は、何も含まれていない。にもかかわらず上述の宣言に対する応答であるかのような論述がこの論文のなかに見出されるとすれば、そのつながりは、〔宣言を〕批判的に論駁しようとする意図からではなく、解明されるべき事柄そのものから生じたものである。

訳注1　一九五五年に物理学者オットー・ハーン（Otto Hahn）らが発表した「マイナウ宣言」、一九五五年に哲学者ラッセル（Bertrand Russell）や物理学者アインシュタイン（Albert Einstein）らが発表した「ラッセル・アインシュタイン宣言」などを指す。

訳注2　ポアンカレは『晩年の思想』のなかで、次のように述べている。「科学の原理や幾何学の公準は直説法であって、それ以外ではありえない。（中略）いつになっても、これを為せ、あるいはそれを行うなと言うような命題、言い換えれば倫理を確証する命題、あるいは倫理を反証する命題を得ることはあるまい」（河野伊三郎訳、岩波文庫、一九三九年、二〇九頁、訳文は適宜現代仮名づかいに変更）。

訳注3　スピノザは『エチカ』第四部「人間の隷属あるいは感情の力について」のなかで、次のように述べている。「善および悪の真の認識は、それが真であるというだけでは、いかなる感情も抑制しえない。ただそれが感情として見られる限りにおいてのみ感情を抑制しうる」（畠中尚志訳、岩波文

庫（下巻）、一九五一年、二五頁）。

II　テオドール・リット教授の「原子力と倫理」講演をめぐる討論

ケーニヒスヴィンターでの会議でテオドール・リット教授が行った講演をめぐって、活発な討論が展開された。以下にその主要な部分を採録する（訳注1）。

討論の中心となったのは、リット教授が講演の最後に論及していた、

一九五七年四月一二日に発表された、一八名のドイツ人原子力研究者による宣言であった。この宣言は次のとおりである。

「この宣言に署名した原子力研究者たちは、連邦軍の核武装計画に深い憂慮の念を抱いている。そのうちの何人かは、数か月以上前に所轄の連邦大臣に懸念を伝えている。今日、この問題をめぐる議論は広く知られている。そのため署名者は、専門家であれば誰でも知っているものの、一般の人々には十分知られていないと思われるいくつかの事実を公表する義務を感じている。

1．戦術核兵器は通常の原子爆弾が持つ破壊的効果を備えている。「戦術」という語は、居住地のみならず、地上戦における部隊に対しても核兵器が投入されうることを表現するために用いられる。個々の戦術原子爆弾あるいは戦術砲弾はいずれも、ヒロシマを破壊した最初の原子爆弾と同様の効果をもつ。戦術核兵器は今日では大量に存在するため、その破壊効果は総体としてはより大きいであろう。このような爆弾を「小型」と呼ぶのは、この間に開発された「戦略」爆弾、とりわけ水素爆弾の効果と比較する場合のみである。

2．戦略核兵器がもつ、生命を根絶させるほどの効果を開発していく可能性については、周知のとおり、当然の限界というものがない。今日、戦術原子爆弾は小規模都市を破壊することができ、また水素爆弾はルール地方程度の圏域を一時的に居住不可能にする。放射能の拡散により、水素爆弾を使えばおそらく今日にもドイツ連邦共和国の国民を絶滅させることができるかもしれない。我々はこのような危険から多くの人々を安全に保護する技術的な可能性を知らない。

我々は、この事実から政治的結論を導き出すことがいかに難しいかを理解している。政治家ではない我々にその権利があるとは認められていない。しかし、我々の純粋な学問やその応用という活動、そして多くの若者に我々の領域を紹介する活動は、この活動がもたらしうる結果に対する責任を我々に負わせるのである。それゆえ、すべての政治的問題に口を閉ざすことはできない。我々は公然と自由を支持する。それは、今日、自由が共産主義に対抗する西側世界を代表するのと同様である。我々は、水素爆弾に対する相互の不安が、今日では全世界の平和と一部の世界の自由を維持するために大きく貢献していることを否定しない。しかしながら、平和と自由を保障するこのようなやり方は長期的にみると信頼できないもので、またそれが失敗した場合の危険は致命的なものだと、我々はみなしている。

我々は、強国の政治に対して具体的な提案をする能力があるとは思っていない。ドイツ連邦共和国のような小国は、仮にあらゆる種類の核兵器の保有を明確かつ自発的に断念したとしても、今日なお最も適切に防衛され、世界平和を最も真摯に促進するものと信じている。いずれにせよ、核兵器の製造、実験、使用に何らかの仕方で携わる覚悟のある者は、署名者のなかには誰もいないであろう。

同時に我々は、原子力エネルギーの平和利用をあらゆる手段で促進することは極めて重要であることを強調し、この課題に従来どおり協力していきたいと望むものである。

フリッツ・ボップ(Fritz Bopp)、マックス・ボルン(Max Born)、ルドルフ・フライシュマン(Rudolf Fleischmann)、ヴァルター・ゲーラッハ(Walther Gerlach)、オットー・ハーン(Otto Hahn)、オットー・ハクセル(Otto Haxel)、ヴェルナー・ハイゼンベルク(Werner Heisenberg)、ハンス・コプファーマン(Hans Kopfermann)、マックス・フォン・ラウエ(Max v. Laue)、ハインツ・マイアー＝ライプニッツ(Heinz Maier-Leibnitz)、ヨーゼフ・マタウフ(Josef Mattauch)、フリードリヒ＝アドルフ・パネート(Friedrich-Adolf Paneth)、ヴォルフガング・パウル(Wolfgang Paul)、ヴォルフガング・リーツラー（Wolfgang Riezler）、フリッツ・シュトラースマン（Fritz Strassmann）、ヴィルヘルム・ヴァルヒャー（Wilhelm Walcher）、カール・フリードリヒ・フォン・ヴァイツゼッカー（Carl Friedrich Frhr. v. Weizsäcker）、カール・ヴィルツ（Karl Wirtz）」

討論の流れ

リュダース（司会）

討論では二つの事柄を明確に区別していただくようお願いします。まず、物理学者がより高度な政治的責任を持つという見解が正しいのかどうか、あるいは、宣言に署名した物理学者たちが自らの科学的職務の権威を携えて独自の政治的立場を表明したことが批判されるべきかどうかという問題です。それとは別に、宣言のなかで提案された政治的解決——ドイツの非核武装ではありませんが——が承認に値するのかどうかという問題があります。この第二の問題については、まだ触れていません。まずこの問題について討論していただきたいと思います。

リット

討論を始めるにあたり、講演で取った私自身の立場を明確にしておきたいと思います。宣言において決定的なのは次の箇所です。

「しかし、我々の純粋な学問やその応用という活動、そして多くの若者に我々の領域を紹介する活動は、この活動がもたらしうる結果に対する責任を我々に負わせるのである」。

「この活動がもたらしうる結果に対する責任を我々に負わせる」——私はとりわけこの文章と戦いました。それは次のような理由からです。自然科学は実際、あらゆる価値の違いを消し去ります。また、あるべきこととあるべきでないことをめぐるすべての問いを消滅させます。そのため、物理学者は物理学者として、自然科学者は自然科学者として、科学技術者は科学技術者として、人類が彼等の科学の成果とともに始めたことに対する責任を負ってはいないのです。しかも、このことは今日に限ってそうだというわけではなく、人間が出会った自然を道具や手段やそれに類似するものに加工し始めたときから変わっていないのです。

こう言わなければならないのです。ここに、ひとつの効果の可能性が人間に供されています。この可能性とともに何を始めるか、これを決定するのは、物理学者としての物理学者の問題ではなく、人間の、つまり完全に責任ある人間の問題なのです。この場合、物理学者は彼の同胞全体のなかに、彼ら全員に比べて多くもなく少なくもない責任を持つ者として、入るのです。

しかし宣言においては、物理学者はその結果に責任を負うとされ、そのため、政治的になされるべき事柄について、現下のドイツ国民に助言を与える義務を自らに要求しています。そして、頻繁に取り上げられる次の文章が続きます。

「しかしながら、平和と自由を保障するこのようなやり方は長期的にみると信頼できない……と、我々はみなしている。……ドイツ連邦共和国のような小国は、仮にあらゆる種類の核兵器の保有を明確かつ自発的に断念したとしても、今日なお最も適切に防衛され、世界平和を最も真摯に促進するものと信じている」。

これは、ひとりの国民が良心と根拠をもって主張できる文章であって、この文章を主張する彼の権利を否定することは誰にもできません。しかし、この文章を主張するために他の同胞よりも物理学者が招かれているという考え、これこそ私が強く否定していることなのです。

いわゆる「戦術」核兵器が恐るべき結果をもつのだということを人間あるいはドイツ人に教える限りでのみ、物理学者は専門家として話すのです。すなわち、この兵器の使用で何がもたらされるのかをドイツ人に教えるのです。しかしながら、政治的行動についての助言へと踏み込む場合には、物理学者は彼自身の研究領域に背を向け、目的を設定し目標を設定する人間になるのです。私は宣言に関してこの点のみを非難しているのです。すなわち、ひとつの側面と別の側面との境界線が十分に明確に引かれていないこと、両者が十分に明確に区別されていないことを非難しているのです。今や、物理学者としての私にふさわしい能力は停止します。なぜなら、今や私は、価値を区別し、目標を設定し、目的を設定し、政治家に助言を与える人間として話すからです。他の人々に比べて核兵器の効果をよりよく知っているがゆえに、物理学者は核兵器をめぐる政治的決定に助言を与えることに関しても招かれているのだという意見に賛成する人は、宣言の読者にどのくらいいるでしょう！　これこそ、私が重大な結果を招く誤解であると見なし、戦うべきであると確信した誤解なのです。

リーツラー

宣言の署名者の一人として、まずその構造について短く触れたいと思います。宣言は、そこにあるように――しかも印刷物として――二部に分けられています。最初に、署名した物理学者たちに疑う余地なく権利のある二つの事実確認がされています。ひとつは、いわゆる戦術核兵器の効果、もうひとつは水素爆弾の効果についてです。次に、そこから導き出される政治的な結論が続きます。リット教授が異議を唱えているのはこちらです。

さて、物理学者にはそのような発言をする義務ないしは権利があるのでしょうか？　間違いなく彼らに義務はないでしょう。それについては意見が一致していると私は考えています。

リット

では、あなたはこの場合、物理学者のより高度な責任を否認されないのでしょうか？

リーツラー

この場合、私は責任を否認するでしょう。

リット

否認ですか？

リーツラー

物理学者が義務を負っているとは言いません、必ず彼の同胞たちは……

リット

それなら、宣言を放棄してください！

リーツラー

いいえ。——権利があるかどうかは別の問題です。物理学者には無条件に権利があると考えています、なぜなら、なによりも彼は単に物理学者であるにとどまらず、国民でもあり、確かな洞察力を備えた思考する国民だからです。――ひょっとすると政治的問題については、本質的に他の多くの人々よりも深い洞察力をもっていないかもしれません。しかし物理学的な結果に関しては、明らかに大多数の国民よりも多くの洞察力をもっているでしょう。

さてしかし、宣言は、物理学者であるという署名者の特性からのみ署名されたのではありません。――次の文章を正確に読み上げてみましょう。

「我々の純粋な学問やその応用という活動、そして」

――ここからが重要です――

「多くの若者に我々の領域を紹介する活動は、この活動がもたらしうる結果に対する責任を我々に負わせるのである」。

つまり、署名した物理学者たちは実験する物理学者であるだけではなく、同時に多くの若者の教師でもあるのです。彼らは若者にこの領域を紹介し、前述の装置を、善い目的のためであれ悪い目的のためであれ、応用できる状態にもします。しかしこのことは物理学者にある一定の責任を与えます。これはもはや物理学者としての特性ではなく、例えば大学教師にふさわしい特性なのです。

リット

あなたがたが教育する若者に対する教師としての責任ですか。

リーツラー

まったくその通りです。――この責任から宣言は署名されています。署名した教授はすべて、どこかの産業ラボラトリーで働く物理学者などではないのです。明らかに彼らは署名するよう要請されてはいないのです。つまり、正教授であれ、マックス・プランク研究所の所長であれ、何らかの授業を行う物理学者だけが、また例えば博士課程の学生のようなより高いレベルでの若者の教育を行う物理学者だけが対象なのです。

物理学者がこのような兵器の効果について平均的な国民よりもはっきり理解していることは疑いえません。彼は兵器の効果や、生み出される放射能の効果を正確に知っています。このような理由から署名者は、この兵器を用いることで何が生じうるのかについて、自らの見解を表明すべきだと、義務を感じたとまで言い切るつもりはありませんが、そういう思いに駆られたのです。原子爆弾の製造の基礎をなす物理法則の究明におそらくかつて関わったからではなく、この事実を知っているからこそ、彼らはこのような宣言を行う責任を感じたのです。

政治的な結論が何の問題もなく明白に導かれるわけではありませんし、このことは宣言自体に書かれています。例えば次のような文です。

「我々は、この事実から政治的結論を導き出すことがいかに難しいかを理解している。政治家ではない我々にその権利があるとは認められていない」。

そして後にもう一度言われます。

「我々は、強国の政治に対して具体的な提案をする能力があるとは思っていない」。

物理学者はつまり、語りうることの限界をはっきりさせました。これこそまさに、この宣言が大きく注目された理由のひとつだと思います。まったく新しい世界システムが政治に対して提案されたからではなく、我々に達成可能だと思える比較的小さな目標に限定されたからです。その成功は私たちの正しさをも証明しています。すなわち多くの人々との対話が実現しました。我々のうち五名は連邦首相および防衛大臣と七時間にわたって詳細に議論しました。その議論のなかではこの問題に関する本質的な点が両者から示されました。

リュダース

これ以降の討論では、原子力研究者の責任、大学教師の責任、そして国民の責任をはっきりと区別するほうがよいと思うのですが。

ハーバラー

個人的な立場から少しこの討論に加わりたいと思います。私は、カールスルーエにある原子炉建設・運営会社の社長を務めています。社内では、広報および従業員の養成と継続教育の全体を直接指揮しています。この仕事のほかに、私は法律学者および社会学者として、アーノルト・ベルクシュトレーサー研究所の共同研究者という立場で政治学にも関わっており、五年前からカールスルーエの技術者たちに政治学を教えています。

私は若い技術者、大卒のエンジニア、物理学者などに対し、自分の見解にもとづいて、人間としての責任、政治的な責任、そして国民としての責任の問題を考えさせ、キャリア発達に組み込ませていますが、その自分の見解に対して内的なイメージと内的な刺激を得ました。その一部は、私が尊敬するテオドール・リット教授の思想から得たのです。リット教授、我々は南ドイツ放送でラジオ対談を一緒に行いました。私は、若い物理学者や技術者はその専門教育をもつだけでなく、彼が職業のなかで行うことのすべてに対して、人間そして国民として、特別の気骨と内面の良心をもたなければならない、というテーゼを主張しています。

リット教授、ドイツ産業研究所は二年ほど前にあなたの講演を「技術のなかの人間」と題して公表しました。私はその中にひとつの記述を見つけて大変喜びました。それは私の仕事でも使っています。オーウェルが『一九八四』で描いたような事態を招かないためには、キリスト教的西洋に生きる我々は、技術者に内面的、人間的な責任感を持たせることが重要だ、という箇所です。若い大卒のエンジニアや物理学者たちは、後でこの称賛すべき職業に就くために急いで知識を詰め込もうとする類いの人間ではありません。彼らは自身の内面にある人間的、政治的責任をもって真摯に職業に向かいます。五年来の仕事からこのように言えるのは、とても幸せです。

さて、リット教授、もしあなたが我々に一八名の宣言の具体的状況に関して先のような無関心や結果についてお話しになるならば、私はこの異論が少し分からなくなります。工科大学で政治学を教える我々には、物理学者と技術者を思慮深く自覚のある国民そして人間にする任務があると考えてきました。また、例えばたしかに感銘を与えてくれるものの、やはり総合技術教育《ポリテフニズム》(訳注2)の特殊性に合致させられているロシアの教育とは異なって、我々には、若い技術者や物理学者に「君は仕事以外に市民の良心ももっているのだ」と言うことが重要でなければならないと考えてきました。リット教授、あなたの講演やかつて発言された見解から私が受けた矛盾をどうか説明していただけないでしょうか。物理学者は（たとえ大学教師でなく実務家として働いている場合でも）自身の根底にある損得勘定を超えた人間的な良心をもっており、政治的な構想に対する下手な口出しと見なされることなしに、特定の見方から一度はその良心に語らせなければならない、というのがあなたの見解ではなかったでしょうか？

リット

リーツラー教授とハーバラー氏が話した教育の課題、教育の責任について、私がこれまでずっと行ってきた以上にエネルギッシュに力説できる人はいないでしょう。技術者や自然科学者は大学での講義を通して、自分がどれほど重要な、場合によっては取り返しのつかない結果を招くほどの諸力を解き放ち、扱い、操作しているのかを示さなければならないという考え、これは私が繰り返し強調している考えです。この意味において、リーツラーさん、あなたはまったく正しいと言えるでしょう。もし大学教師が、自らの学問を超えてこのような責任を意識させるならば、これはまさに私が要求していることです。しかし、私がこれらの学科を専攻する学生に彼の責任の程度や種類について情報を与えるのか、それとも私が彼にこのような責任の名において特定の政治的見解を説得するのかは、恐るべき違いです。しかし宣言では、政治的責任の名のもとに特定の政治的解決に賛成が述べられている箇所から、私が異議を唱えたことが始まっています。大学教師として、私に身を委ねている若者に対し、一般的な評価を超えて特定の政治的見解を宣伝することは、私には受け入れられません。その瞬間に私は、大学教師として負っている責任を捨て、単なる政党員となってしまうでしょう。

若者に自らの行為の危険性を理解させることを課題とする教育的な責任が完全に肯定され、同時に説明されうるということが、お分かりいただけるでしょう。私は自らの専門的見識にもとづいて特定の政治的決定を支持することはできません。ある学生から「この問題に一体どういう立場をとるのですか?」と質問されれば、まず次のように言うでしょう。この問題に対して、私がどのように政治的に決定するかを答えるならば、私は研究者、哲学者であることをやめることになります。君の教師であることもやめ、今や君に国民として話をすることになるのです。自分の立場を取り、西ドイツの行動に関して特定の要求を立てるその瞬間に、私は必然的に科学的、学術的な責任の範囲から離れます。そしてこう明言します。私の意見として今主張することは、私の科学的見解の結果ではなく、個人として責任を負うべき声明です。その声明を主張することは、他のすべての国民と同様に私に認められていますが、それを支持するために私が専攻する科学を持ち出してはならないのです。

区別ははっきりしたと思います。責任は肯定され、教育の課題は肯定されなければなりません。しかし、科学の名において特定の決定を有効だと宣言するあらゆる試みは断念されなければなりません。

マーゲン

私の見解では、人間社会の秩序の大部分は、我々が労働の分業を行い、個々人が特定の下位の過程を遂行し、多くの物事の総和や特殊な専門知識によって形作られた物事を通じて国家が誕生し機能していることにもとづいていると思います。国家の上には、いわば共生のコーディネーターとして全体の責任をもつ政治家がいます。政治家は全体を見通さなければなりません。ですから、国民的な問題において政治家が全体について発言するのはもちろんのことです。同様に国民もまた協働の際には全体を視野に収めなければなりません。問題になるのは、特定の政治的決定について話し合う時、国民が、題材に関して自身がもつ特殊な専門知識の視点から立ち上がり、ある事柄からどのような結果が生じうるのかを、彼の同胞すなわち他の国民にいわば助言として明確にしなければならない場合もあるのではないか、ということです。

例をひとつあげます。原子力の話題から一旦離れ、経済政策を取り上げましょう。例えば、マルクを切り上げるべきか否かというような、すべての国民がその最終的な結果を見通せるわけではない経済政策上の問題が審議される場合には、経済界にいる人々や経済学を教える大学教師が立ち上がり、公の場で特定の要求を掲げるのはまったく自然なことです。私の見解では、原子力の問題においても同じでなければならないと思います。その問題において自然科学者は、自身がもつ専門的な自然科学的見方から、同胞に対して、「君たちがそこで何をしているか考えなさい！」と突きつけるのです。自然科学者は決定できません。決定しなければならないのは、政治家に主導された国民全体です。しかし、場合によっては高度な専門知識を持つ人が声をあげ、少なくとも専門的な事情を公表する義務はないのかどうか、私には分かりません。

リット

物理学者は、専門家である限り、人々に情報を与えてかまわないだけでなく、与えなければなりません。このことを私がどれだけ強調して語ったか、もし理解されていなかったとすれば、私はそれを不幸なことと見なすでしょう。私ははっきりと言いました。核兵器がもたらしうる効果を人々に知らせることは、物理学者の仕事から直接に生じる任務なのです。なぜなら、彼はその分野に精通しているからです。宣言のなかで戦術核兵器について、例えばヒロシマに落とされた原子爆弾のような効果を持つだろうと述べられるならば、それは万人が物理学者に対して有難く思わなければならない説明です。

けれども、このような起こりうる効果の指摘と、核兵器を放棄する提案とは、明確に区別されなければなりません。このような提案は、専門知識の領域を去り、政治的決定に足を踏み入れるものです。物理学者がその領域に踏み込むことは認められているのみならず、望ましいことでもあります。なぜなら彼は国民だからです。しかし物理学者は、専門家として与えられている能力が政治的判断のために用いられうるかのような仮象を呼び起こしてはならないのです。

もう一度申し上げます。大学教授として学生に国民としての自覚を教えるだけでなく、同時に学問的権威を装って特定の政治的決定を強制しようとする物理学者とは、一体どんな物理学者なのでしょう！　最近のドイツで、大学教師が特定の政治的な事柄に賛成あるいは反対するために、科学の代表者として自身に認められている権威を濫用した事件が少なくないことを思い出してもらってもよろしいでしょうか。ワイマール共和国の時代を思い出します。ワイマール共和国があまりにも早く道義的信用を失った時、そこには特定の、名前を挙げることのできる大学教師が深く関与していました。というのは、彼らは講壇の上から、自分たちに信頼を寄せる青年を非君主制すなわち共和制の国家形態に対する深い嫌悪で満たし、それは西側から輸入した、非ドイツ的な国家形態だと理解させたのです。ここには、学生に政治的責任を教え込むだけでなく、特定の政治的方向性を強制するために自身の権威を濫用した大学教師を見ることができます。皆さんは、そこに明確な区別があることを認めるでしょう。一方には政治的責任の教え込みがあり、他方には物事に対して特定の政党政治を前提とした態度を取る責任への誘導があります。この区別こそ、私が強調したかったものです。

シュヴェリーン

私はリーツラー教授を彼自身の言葉を超えて支持しなければならないと思います。私の見解では、物理学者には政治的に推奨することを発言する権利があるだけでなく、義務もあるのです。なぜでしょうか？　それは、物理学の素人は——たいていの政治家はそうなのですが——、原子力の事象において、量から質への転換として生じる過程をまったく見通せないからです。

明らかに物理学者だけが、生じるかもしれない——生じる必要はないのですが——全体的効果を見通すことができるらしい。彼の政治的な意識内容と物理学者としての意識内容を分離することは絶対不可能です。なぜなら、申し上げたように、各人は自分の領域において、政治的な人間としても、科学者としても、あるいはそれ以外のまさに今ある自分としても、行動するからです。

リット

一言で答えるならば、ここで「不可能」あるいは「できない」と言われた分離、政治的でありたい人間と物理学を研究する人間との分離はまさに、健全であるために我々が必要とするものです。これらの事柄の境界の曖昧さは、まさにドイツ人の弊害のように見えます。しかし私は区別できなければなりません。今私は、物理学者として、自然科学者として研究しています。放射線の影響、例えば放射性廃棄物が生殖に与える影響について、ドイツ人や人類に説明することが自然科学者の当然の課題に属するのだ、と明言する必要はもうないでしょう。このような影響について報告する義務を否定することなど、私には思い浮かばないでしょう。しかし、このような事実を自然科学者の能力から述べるのか、あるいは、科学的研究の結果から導かれた必然的な帰結によって生じるのでは決してない特定の助言をその能力から導き出すのかは異なります。

つまり、このような機能の分離こそが求められているのだと、私には思われるのです。今は科学者として、究明した事実について話している、また今は政治的に考える人間として話している、この区別を大学教師は若者に明確にする義務があると主張したいと思います。科学的仮定から決して導き出せない特定の政治的意見に有利なように科学的認識を持ち出すことのないよう、気をつけねばなりません。

カプス

質問をしても宜しいでしょうか。この宣言は今論じられているように二分できますか？ 私は、呼びかけられたドイツ国民の一人として、この宣言を政治的な助言と理解したのではなく、単に原子力エネルギーの濫用の危険な結末に対する専門家の警告として、つまり良心の表現として理解しました。それはアメリカの原子力研究者も示したものでした。ユンク(訳注3)などの著作からは、これらの人々が皆どれほどの良心のためらいを抱えながら働いているのかが分かります。私はこの宣言を、ダイナマイトの発明者として爆発物がもたらす結果を見つめ、ほかならぬ平和賞創設の発起人となったノーベル氏のなかにも認められる態度の表現として捉えました。また私はこの宣言を、有益な効果をもたらす場合もある特定の物質に大きく赤十字をつけて「毒」と付記する医師や化学工場の警告に通ずる呼びかけとして理解しました。

ですから、宣言をそのように二分できないと思うのです。私は、そこに政治的助言を見るのではなく、特別な責任や特別な専門知識に支えられた全体構想から出たものと理解しました。

リット

しかし、ドイツ連邦共和国のような小国は基本的に核兵器もしくはその配備を放棄すべきだという助言が記されています。これは我々の時代に満ちている政治的見解の争いにおける、ひとつの明確な政治的立場です。その言い回しをその通りに受け取らなければなりません！　署名者は最初に言っています。「我々は、強国の政治に対して具体的な提案をする能力があるとは思っていない」。しかしそれに続くすぐ後にドイツ国民への助言を行っています。これは矛盾しています！　私には政治的な能力はありませんと言いつつ、特定の政治的助言を続けるというように、同時に宣言できるものではありません。仮にドイツ国民がこの助言に従って行動すると決めるとしたら、それは政治的にとてつもなく重大な行動となることを、あなたは認めるでしょう。それは、他の強国や北大西洋条約機構などに対する関係にきわめて重大な影響を与える行動でしょう。私が読み上げた「ドイツ連邦共和国のような小国は……」という文章から政治的助言の性質を剥奪することはできません！　そこには別の政治的助言に対する対決を同時に意味するきわめて明確な助言があるのです。つまり、私には二分はまったく避けられないと思われます。内容のみを詳細に検討する必要があります。

リーツラー

第二部に政治的助言が含まれていることには疑いがありません。まず「我々は、強国の政治に対して具体的な提案をする能力があるとは思っていない」と記されています。つまり、ドイツ以外の国々に何らかの助言をする能力を感じていないのです。これは、後の連邦首相との協議における宣言から、より明らかになります。つまり、自分たちの政府に相談し、自分たちの政府に政治的助言をしたほうがよいという見解だったのです。――宣言に署名した人々は、純粋に偶然集まったわけではありません。一八名のうち一四名は原子力委員会や、あるいは労働委員会のような原子力委員会の何らかの専門委員会に属しています。言い換えれば、署名した――数人ではなく――すべての物理学者は、原子力委員会のどこかの専門委員会に物理学者として関わっているのです。誰一人として例外はいません。さらに二名のノーベル賞受賞者と、討論に参加した二名の物理学者が加わりました。意図的にこの輪をさらに拡大しなかったのは、考えられうるさまざまな困難につながったかもしれないからです。

明らかに、原子力委員会は純粋な物理学的課題だけでなく、特定の政治的意味をもっています。原子力委員会では最初から政治的な問題、つまりまずは原子力エネルギーの平和利用について話し合われています。

リット　しかし原子力委員会は純粋に科学的な委員会ではありません！

リーツラー

まったくその通りです！　しかし、科学的な洞察力をもち、特定の政治的動向についても教えられた原子力委員会の物理学者は、この理由からこの呼びかけに署名しました。第二部で物理学者の能力だけが役割を果たしているのではなく、現実的な政治的助言がそこでなされていることはまったく否定できません。この助言がさまざまな署名者の政党政治的な立場に由来すると捉えるのは正しくありません。ドイツ国内にあるすべての政党の主張が署名者において代表されています。つまり、あるひとつの政党政治の方向性が優先され優勢であったというわけではありません。署名者はまた、選挙前にこの宣言に取り組むことを意図的に自制しました(訳注4)。宣言が選挙戦で引き合いに出されたことは我々にとって本当に良くないことでした。

ウンガー（大臣官房審議官）

自身の活動領域の方法を別の活動領域に用いることや、その逆を行うことに、本来は気をつけたほうがよいのです。当時委員会が連邦首相との正式な会見を願い出て、協議のなかで示された非公開の見解を行動に移していたら、私の考えでは、それは報道機関に公式記録を渡すよりもはるかに適切なやり方だったでしょう。

皆さん、私をずっと悲しませていたことがひとつあります。この数十年を振り返って、一般の人々に対するドイツの教授の発言がいかなる意味をもっていたのかを知るならば、全体的にみて、この宣言に対するドイツの一般の人々の反響の低さに今日実際驚きます。この最後の問題に我々はもう一度しっかり取り組まなければならないと思います。ゲッティンゲン七教授事件は歴史に残りました。今日の効果から推測すると、我々の一八名の物理学者の宣言がかつてのように歴史に残るかどうかはとても疑わしいのです。

ガストン・ゴルトシルト＝デロール（パリ）

人間には皆、二つの人格領域があります。責任を担う市民と、指物師、物理学者、銀行員などといった専門家の二つです。ここでその二つを分離せず、専門家に何らかの政治的権力を与えるなら、恐ろしい結果につながります。例えばほんの少しモルガン（訳注5）のことを考えてみてください！　銀行家や石油王が政策提言を与えることができるとしたら、それは我々をどこへ導いてしまうのでしょうか！　リット教授がこの分離を行ったことはとてもよいことです。

民主主義においてはすべての市民に無条件に完全な責任の自由を認めなければなりません。ある専門家が、政治的問題についてよりよい判断を下せるので影響力をもってよいということを根拠づけるために自分が専門家であることを示唆する場合には、そうでなくなります。この関係において、状況はまったく明らかであると考えます。ゲッティンゲン宣言の署名者はまったく正しいでしょう。しかし、彼らはここでは市民にすぎません。彼らが市民を超えた存在として行動しようと望むならば、大変危険でしょう。それはコーポラティズムにつながる姿勢であり、民主主義においては与えられてはならない影響力を利益の代表に与えようとする姿勢でしょう。

ディートリヒ（工学士）

リット教授の意見ではそもそも政治家が過大評価されているように聞こえます。職業政治家が自らの成果にかんして政治には特別な留保が必要なのだと主張することはまったくありえません――なぜなら、そうでないと世界は実際とは異なって見えることになるからです。他方で、科学者は争う余地なくその成果を記録することが必要であり、それゆえ政治的観点においても、むしろ助言を行う能力があるのです。我々の運命はすべて政治に関わっています。もし我々が政治の代わりに国民としての思考について語る場合には、私が考えていることが理解されるでしょう。職業政治家に対して自らの学問の立場から語る能力を間違いなくもつ科学者が、なぜ国民としての思考においては助言をする能力がないという話になるのでしょうか？　もし政治家が、科学者が核分裂の濫用から生じうる損害を示しながら行うのと同じように振る舞うならば、つまり、もし政治家が開戦時に、この戦争では二五〇〇万人あるいは六〇〇〇万人の犠牲者が出ると国民に告げるならば、それは国民に別のことを説明するよりも誠実でしょう。科学者は非常に誠実で、危険を指摘してきました。彼らがその指摘に、政治的と受け止められることを心得ている助言を結びつけたのは、まったく彼らの能力の範囲内であると思います。

リット

もし、学者仲間のメンバーが自分や仲間に政治的判断力の尊厳もまた備わっていると見なすならば、それ自体は、非常に喜ばしく心地よいことでしょう。もし私の人生経験にもとづいてそのような権限が私にあると考えるならば、私は喜んでそれに賛成するでしょう。過去を振り返るならば、一九一四年以降、あらゆる政治的危機の場面でドイツの教授陣の政治活動をみることができました。この観点からみると、とりわけナチ時代は私にとって大きな教訓となりました。この経験の蓄積から、ドイツの教授に均衡のとれた政治的判断が認められるのかどうかと自問すると、残念ながら、それは個別の事例ごとに回答されるべきだと言わなければなりません。政治的判断や、特に政治的勇気が恥ずかしくも失敗した事例は恐ろしく多いのです。そのため残念ながら、私は政治的判断に関しては自分の仲間の高い評価に賛成することができません。その上、反対に、最後まで究明されるべき特定の専門的問題に没頭することは、場合によっては一般的事情に背を向け、政治的判断を曇らせる結果になると考えています。仲間内をみてみると、明確な政治的判断がこの仲間内で特に支持されているという印象はまったくありません。ナチ時代の経験は私にとってとてもためになるものでした。そこでは、大学教師という神々しい高みで生きていない人たちの政治的、倫理的判断のほうが、しばしば多くの学者よりも明確で成熟していたのです。

マイヤー＝コーディング（局長）

教授、あなたの講演について純粋に個人的にコメントし、同時にここでの討論に加わってよいでしょうか。討論では繰り返し政治的観点と政治家について話されています。しかしテーマは本来、原子力と倫理です。問題がここでつねに同一視されています。政治家があれこれ決め、他の人は決めていないと聞こえます。テーマは倫理なのです。私からみると、あなたの講演における問題は、政治と倫理の関係はここではどのようなものか、でした。ここで問題となるのは、そもそも個人の倫理なのか、それとも社会の倫理なのか？　そして政治はそれに対してどのようにかかわるのか？　これは、リット教授、あなたの講演の後につねに私の心を捉え、また私には難しく思える問題なのです。とりわけここで我々が立てるべき基準も極めて難しい。倫理は、信心深い人にとっては明らかに宗教から生じるものです。今日の国家においては、宗教の支えを欠いた多くの人々が、このような原子爆弾の使用に対する倫理的基準はどこから生じるべきなのか、と考えています。個人的に申し上げてよいなら、テーマはもしかしたら形式的なものだったかもしれません。物理学者にそれを言う能力があるのかどうかが考えられました。もし彼らに能力がないとしても、真の倫理的原則の確立に努めていたら、私は間違いなくそれを模範的なものと見なすだろう、と申し上げたいと思います。昨日、私にとって問題は能力問題ではありませんでした。むしろ、この領域における政治と倫理の絡み合いを基準によって克服するために、我々はどのようにして基準を得るのかという問題でした。この問題では我々は倫理的基準を――これは再び私の個人的意見ですが――最初に立てなければならないと思います。論争することのできる政治的根拠やそれに準じたものをここで規定することがどの程度まで可能なのかは、私には疑問です。しかしテーマは人間存在の根源にかかわるものであり、ここではまず倫理について話し合われるべきだと思うのです。

リット

政治と倫理の関係は本当に幅広い領域です。それについて私がどのように考えているか、大まかにお話しすることしかできません。政治とは無関係にまず倫理的規範を立て、都合のいい事例においてそれを後から政治に適用するという流れになるような政治と倫理の分離、そのような課題の分割はまったく不可能だと私は思います。むしろ、私の考えは逆です。倫理的規範の下に置かれる必要のない人間の行動や創造の領域など決してありません――もっとも、このような領域の特性に合致した規範は別ですが。つまり、政治と倫理について語るならば、政治は必要かつ必然な人間の生の表れのひとつだと言わなければなりません。他のすべての生の表れと同じように、政治もまた、生の表れに属し、この領域に合致した規範の下に置かれることを要求するのです。もし政治が倫理と分離されるならば、これは歴史のなかで一度ならず行われたことで、とりわけアドルフ・ヒトラーのもとでも行われたのですが、その結果は、言語に絶する人間の残虐行為と堕落です。言い換えると、倫理について語るやいなや、政治的な目標設定、政治的領域の条件に従わなければならない目標設定についてもすでに語っているということです。政治は固有の創造的領域であり、まして倫理の後からついてくるものではありません。昨夜私が倫理に関する問題設定において政治的決定も考慮に入れたとき、それは政治的決定が倫理的な責任を伴う行動の幅広い領域に属しているという確信からなされたものでした。政治と倫理の関係について語られるべきはこのことです。

リュダース

リーツラー教授とリット教授に終わりの言葉をお願いする前に、もう一度確認したいと思います。第一に、我々はここで、ドイツ連邦共和国が核兵器を断念すべきか否かという政治的問題について意見を述べていません。第二に、リット教授を含む我々全員は、原子物理学者は核戦争の危険について一般の人々に教示する権利があったという点で一致しています。問題として残ったのは、原子物理学者がそれを超えて、彼らの権限のなかで研究者や教師として特定の政治的解決を推奨する権利があるのか、という問いのみです。そこでは意見が分かれています。

リーツラー　先程触れられた二つの細かなことについてもう一度述べたいと思います。まず、複数の国々出身の物理学者を集めるべきだったと言われました。これは間違いなく正しいです。複数の国々出身の物理学者との議論も進んでいます。しかし一八名のなかでは、外部へのイニシアティヴはドイツから出るべきではない、今日の外交政策の状況の下では、ドイツからではなく他国からイニシアティヴが出れば、呼びかけはおそらくもっと効果的だろう、という考えでした。

次に、〔宣言を公表する〕時期は選挙のためどちらかといえば不都合でした。しかし我々は選挙が終わるまで半年も待つことはできませんでした。すでに半年以上も討論が進んでいました。我々は〔一九五六年〕一〇月にシュトラウス防衛大臣と詳細な協議を行っていました。連邦首相の具体的な説明により、時期が決められました。連邦首相は報道のなかで、戦術核兵器はもともと大砲から発展したものだと述べました。実際、これは国民に、戦術核兵器は比較的無害なものだという誤ったイメージを抱かせてしまいました。実際には、〔発展の〕完結という点では大砲と同じですが、効果はまさにヒロシマで生じたことなのです。そのため、我々は事実にもとづいた声明を出さなければならないと考えました。中途半端な声明を出したくなかったので、すべてを宣言に凝縮してまとめました。

リット

皆さん！　本日の討論は、関連する取組みがどのような意味で、そしてどのような口調で行われなければならないかを示す一例です。残念ながら最近、異なる意見の間での会話に明らかに毒を指すような口調が、この討論に持ち込まれたと言わなければなりません。パスクアル・ヨルダン（訳注6）はマインツのベヒェルト（訳注7）に対する発言のなかで、彼は社会民主党の一員であるため彼が言ったことはすべて本質的に党の意見の現れにすぎない、と述べました。そのように論じるならば、他人の善意を否認し、あなたは研究者としても責任感のある人間としても話さず、党の代表として話しているのだ、と言っていることになります。もちろんベヒェルトはすぐに声高に反論しました。そしてその瞬間から、問題を事実にもとづいて論じる可能性——事実にもとづいて論じることはきわめて複雑なのですが——が消えました。相互にずけずけと非難しあうことになったのです。

問題はさらに化膿し発酵していきます。それゆえ、この会話に参加する人が別の考えを持つ人に望ましい謙虚さを認め、あなたの発言の元となる良心に疑いを抱きませんと言えるよう、関係者全員がそれぞれの義務を果たさなければなりません。問題は、良心の葛藤のなかで自分の能力について勘違いしていなかったか否かだけです。これが唯一考えられる問題であり、私が心から望むのは、この問題をめぐる今後の議論が同じスタイルで行われることです。

訳注1 討論の発言者のうち、正確な肩書きが判明している人物は次のとおりである。
カール＝ハインツ・リュダース（Carl-Heinz Lüders）：ドイツ・ヨーロッパ連合事務局長
ヴォルフガング・リーツラー（Wolfgang Riezler）：ボン大学放射線・核物理学研究所所長
ウルリヒ・マイヤー＝コルディング（Urlich Meyer-Cording）：原子力エネルギー・水経済省局長

訳注2 旧ソビエト連邦で実施された、一般教育と生産労働のための教育を統合した学校教育実践。

訳注3 Robert Jungk 一九一三―一九九四。オーストリアの作家、ジャーナリスト。核兵器と人類の将来に関する多数の著作がある。

訳注4 旧西ドイツには、一九五五年三月以降、北大西洋条約機構の枠組みのなかで核兵器が配備されており、供給国のアメリカは一九五七年に初めて西ドイツへの核配備を公表した。ゲッティンゲン宣言が出された五か月後の一九五七年九月一五日には連邦議会選挙が実施された。リーツラーの

この発言は、宣言が選挙結果を左右し過度の政治的影響力をもってしまうことに対する当時の懸念を表したものである。九四頁の発言も同様。なお、選挙の結果は、核配備を支持する首相アデナウアーの率いる与党（キリスト教民主・社会同盟）が過半数を上回り、多数派を占めた。

訳注5　John Morgan 一八三七―一九一三。モルガン財閥の創始者。

訳注6　Ernst Pascual Jordan 一九〇二―一九八〇。ドイツの物理学者。

訳注7　Karl Bechert 一九〇一―一九八一。ドイツの物理学者、社会民主党の政治家。

解題

I　科学の公的責任

この論文は、「編訳者まえがき」に記したように、プール・ル・メリット学術勲章の受章を記念して、リットが一九五六年六月に行った講演が下敷きとなっている。この講演はその後論文として仕上げられ、『東西対立に照らした科学と人間陶冶 Wissenschaft und Menschenbildung im Lichte des West-Ost-Gegensatzes』（初版、一九五八年）に第六論文として収められた。

この著作の標題に示されているように、晩年のリットにとっての主要な課題のひとつは、共産主義思想に対する批判的対決であった。戦後、リットはライプツィヒで活動を開始するが、そのライプツィヒは一九四五年七月にはソヴィエトの占領地区となる。そして、教育の自律性を擁護しようとするリットの講演(一九四六年六月)が党派的な介入を受けるといった出来事も生じるに至り、一九四七年九月、ライプツィヒでの活動に限界を感じたリットは、ボンに移ることになった。

二一世紀の今日でこそ、私たちは共産主義を一種の壮大な歴史的実験として振り返ることができる。けれども第二次世界大戦直後の時点では、共産主義は自由主義と並んで世界を二分する思想的、政治的な規定力をもっていた。しかし、すでにナチズムのなかに自由と民主主義に対する全体主義的抑圧の本質を見抜いていたリットは、上記のような個人的な体験もあって、共産主義のなかにナチズムと同様の本質を見て取り、共産主義に対する理論的、批判的検討を一九五〇年代後半以降の主要な課題としていくのである(なお、共産主義思想に対するリットの批判的対決については、宮野安治「リット政治教育思想の研究(Ⅶ)—共産主義と自由の問題—」、『大阪教育大学紀要　第Ⅳ部門』第六一巻、第一号、二七一～二八四頁において詳細な考察がなされている)。

もっとも、『東西対立に照らした科学と人間陶冶』に収められている他の論文に比べると、「科学の公的責任」においては、共産主義に対する分析・批判が直接的、全面的に展開されているわけではない。この論文のなかで共産主義に言及されるのは、論文の後半になってようやく、政治による科学的真理および人間の歪曲が糾弾される箇所においてである。「形態や管理を通じて人間の生の「自然法則」を完全に実現させることを天職と信じる国家が人間を支配した場合、人間がどうならなければならないのかを、無類の世界史的実験を通じて目前に展開したことは、共産主義国家の否定しえない功績である」（本書、五一頁）と、リットは皮肉たっぷりに批判する。ただしそのすぐ後では、いわゆる自由主義諸国においても同様の問題が見て取れる、と警告が発せられている。すなわち、「科学の公的責任」における重点は、共産主義思想との対決という時代背景をもちつつも、科学と政治と自由との関係の解明に置かれているのである。

ボンに戻ったリットにとって取り組むべき重要な課題は、（西）ドイツの民主主義化に定位した「政治教育の問題」（共産主義思想との批判的対決もこれに含まれる）、および「組織された現代社会」における「科学技術と人間陶冶の問題」であった（この点については、リット（小笠原道雄編訳『原子力と倫理―原子力時代の自己理解』東信堂、二〇一二年の「解題」（とりわけ七九〜八三頁）も参照されたい）。折しも、一九五〇年代後半は、東西冷戦の激化を背景に、（西）ドイツへの核兵器の配備および国防軍の核武装計画が進められていた。人間が開発した科学技術のために、人間自身の絶滅の危機が現実的な可能性として招かれた。こうした情勢を背景に、著名な物理学者や哲学者が相次いで核エネルギーの軍事利用に反対する声明を発表した（本書の訳注1を参照）。

「科学の公的責任」の冒頭では、まずこうした科学者の行動が取り上げられる。そして、その行動に対するリットの評価は否定的である。科学者の使命は対象ないしは真理を客観的に解明することであり、もしもそこからさらに進んで政治や社会の流れに方向づけを与えようとするならば、その理由や動機がどのようなものであれ、それは「科学の悪用、さらには偽造に等しい」(六頁)のである。また、科学者の使命は真理の解明であり、公衆に真理を告げ知らせることで「公的な責任」を果たしているのだが、それは同時に、人間の自由な生を可能にするという意味での責任でもある。「まさに、真理こそが今日に生きる私たちを自由にできるのだ!」(一二頁)とリットは強調する。

もっとも、今日の科学はこのような責任を果たしがたい形態を取るに至っている。これについてリットは、科学を「人間以外のものに関する科学」すなわち自然科学と、「人間に関する科学」すなわち人文社会科学に区別した上でさらに論究する。前者の自然科学に関して、原子物理学の研究者はなぜ人類絶滅の可能性をもたらす地点まで研究を進めたのか、逆に言えば、その地点の手前でなぜ研究を止めなかったのか、という非難が向けられうる。実際、物理学者たちはその地点を過ぎた後になって、おそらくは自らの良心に従って、研究成果の「誤用」に対する反対声明を出したのである。しかしリットによれば、科学的な真理探究の歩みは古代から現代に至るまで論理的に不断に蓄積されてきているのであり、その歩みに対して科学（者）自身が「ここまでは善い、ここから先は善くない」などの価値判断を持ち込むことは不適切である。科学の使命は真理の解明であり、科学者自身がその歩みを止めるとすれば、むしろそれは人々にありうべき真理を告知するという責任を放棄するに等しい。この場合にむしろ問われているのは、科学それ自体ではなく、「人間の意志」（二五頁）の側である、とリットは指摘する。

また、後者の「人間に関する科学」についてみると、その科学は認識する側と認識される側がともに同じ人間であるという特徴をもつ。それゆえに、認識の誤りは人間自身に大きな損害をもたらすことになり、それだけ科学の公的責任は大きいことになる。けれども、人間の認識行為は実際にはさまざまな誘惑や衝動、さらには政治的な意向によって意識的、無意識的に影響を受けており、その認識行為から得られた成果は、科学や真理の名のもとで人間や歴史の歪曲につながる危険がある（まさに、政治による科学への介入のために真理が歪められた実例が共産主義であった）。しかもこの危険は、人文社会科学が自然科学を模範とし、その客観性や法則性に近づこうとする誘惑に駆られれば駆られるほど、高くなるのである。

「人間に関する科学」に携わる科学者が成果の客観性を求めれば求めるほど、また人々がそれを支持すればするほど、人間は「自動的に「人格」であることをやめ、「事物」になる」（五一頁）

――「科学の公的責任」をめぐるリットの考察は、こうして、外的自然を対象とする自然科学の検討から、内的自然(人間)を対象とする人文社会科学の検討へと進み、人間が事物に転落してしまう危機への警鐘へと至る。翻って、科学者の政治的活動や政治による科学の手段化、人間の事物化を看破する「注意深さ Wachsamkeit」の徳(三七頁)の重要性が指摘され、そうした危機から守り抜かれなければならない人間の人間たる根拠、すなわち「内的な自由」が繰り返し強調される。そして最後に再度、原子物理学研究者の行動が取り上げられる。すなわちその行動は、実際にはいささかも自然科学的な思考に則ってはおらず、むしろ自由な人格のかけがえのなさを裏書きするものであったことが指摘されて、論が締め括られている。

科学者には科学研究の成果を根拠として特権的に政治的発言を行う権利や責任はないこと――このことは第Ⅱ部に所収の「テオドール・リット教授の『原子力と倫理』講演をめぐる討論」においても繰り返し強調される。リットによれば、政治的な事柄――ここでいう「政治的」とは、選挙や政党政治といった制度化され専門化された実践よりも広く、私たちの共同の生の営み全体に関わる事柄という意味である――に対する責任は、私たち一人ひとりが等しく責任を負うべきものである。逆に言えば、科学研究の成果をどう利用すべきかを含めた政治的な事柄を政治の専門家を自称する職業政治家や、ましてや直接政治に携わっているわけではない科学者に委ねてしまうことは、私たちが自らの自由と人格を放棄するに等しいことだとリットは指摘するのである。

政治・社会や科学の機構が高度に専門分化した今日、この指摘はきわめて要求度の高い指摘であると言えよう。真理を追究する使命をもつ科学においてさえ下位分野への分業が進み、それぞれの分野において専門排他主義が進行している状況を前に、一般の人々が真理の全体に到達しそれを俯瞰することは不可能であると言っても過言ではない。しかし他方、とりわけ四年前のフクシマでの原発事故を経験した私たちは、科学者の語る言説が時として真理から程遠い「神話」であることも身にしみて知っている。真理を解明しそれを公衆に告げ知らせることを使命とすべき科学者が、時として真理を隠蔽し、ないしは都合よく曲解して公表することが明らかになっている。少なくとも現代の日本において見られるのは、本論でリットが主題的に論じていること――科学者は政治家として振る舞ってはいけない――の前提におかれるべき当然の倫理――科学者は嘘をついてはいけない――さえもなおざりにされている状況である。

もっとも、このような事態は、科学者だけを批判すればすむ問題ではない。科学者が真理に反することを語り、ひいては政治家として振る舞ってしまう背景には、多くの場合、彼らが置かれている組織的、政治的な立場がある。あるいは、特定の組織や団体から研究費を受け取っている、といった利害関係がある。さらに言えば、このような巨大な政治・社会の機構と複雑に結びついて推し進められる科学研究の成果を当然のごとく享受しながら生活しているのは、他ならぬ私たち一般市民なのである。科学は、それを取り巻く人間の生の総体のなかで営まれている。科学の成果を人間の生の営み全体にどう生かすべきかという問いに対する答えは、科学内部の議論だけからは導き出せない。その問いは、私たちすべての人間に向けられた政治的な問いなのである。その問いについては、もちろん科学者自身も発言権をもつ。しかしその発言は、本論文の最初にリットが指摘しているとおり、一人の市民としての発言であり、科学者としての専門的な知識ゆえに何か特別の権限がそれに与えられるわけではないのである。

近代科学は自然を無機的なモノと見なしてきたが、そのような自然観もまた、人間の生の歴史のなかで確立されてきた。自然は人間による支配と解明の対象の位置に置かれ、科学技術の発展のなかで自然に対する畏敬の念は薄れてきた。そうしたなかで、逆説的ながら、人間が確立してきた科学技術によって人間の生の存続が脅かされるという事態が引き起こされた。科学を含み込む人間の生はどうあるべきかという政治的な問いを考えるにあたり、「自然に対する畏敬の念」といった「非科学的」な物言いはふさわしくないかもしれない。けれども、その問いを考えるには、人間に自然を対置し、人間のために自然を利用する、といった近代科学的、人間中心的な思考では不十分である。必要とされるのは、人間もまた自然の一部であるという入れ子式の自己認識、よりよい生を追求する人間の営みはつねに新たな難題の産出と背中合わせであるという両義性を見据える複眼的で注意深い（wachsam）思考、私たち自身は科学技術をも含み込む私たちの共同的な生をどのように構想し担っていくのかという広義の政治的な判断力ないしは賢慮であろう。

なお、広義の政治的能力を高めていくことに関連して、リットがドイツの民主主義化のために追求した政治教育は、特定の政治的なイデオロギーを教え込むような性格のものではなく、「科学の公的責任」の論文の各所で示唆されているように、自由な人格としての個々人が共同の生を営んでいく上で必要な知識と態度を教授する性格のものであった。このような意味での政治教育は、ある面では現代において推し進められている市民性の教育にも通じるものである。論文「科学の公的責任」は、その標題から受ける印象とは裏腹に、科学（者）の責任のみならず、それ以上に科学や政治・社会を支える私たち一人ひとりの責任を問うものとして読まれるべき論文であると思われる。

II　テオドール・リット教授の「原子力と倫理」講演をめぐる討論

一九五七年一〇月一一―一二日、ボン郊外のケーニヒスヴィンターでインフォメーション会議として、〈専門家委員会・講演〉会議が開催された。そのなかで、テオドール・リット教授の講演「原子力と倫理（Atom und Ethik）」をめぐって、活発な討論が展開された。

会議では、専門家集団としてのドイツ・ヨーロッパ連合の代表者たちが原子力（核）エネルギーの必要性を経済的・政治的観点から強調する態度と、これまた自然科学の専門家としてそれを推進するあるいは警告する原子力物理学者の科学的主張や立場が交差する。これに対してリットの基本的立場は、歴史的、倫理的観点から核エネルギーの問題を指摘するものである。

このリットの基本的態度は、「科学の発達に付随して、それだけ確実に、人間の生を〈導く術〉を手にすることはできない」とする思考からである。したがって、「自然科学の完璧さがどれほど増しても、その完璧さと表裏一体をなす責任の高みへと自然科学者が上昇する支えとはならない」とリットは断定している。そこから「原子力時代」の自然科学者には「方向の転換」、あるいは根本的な「視線の方向」の変更が必要である、としている。その具体例が「ゲッティンゲン・マニフェスト（Göttinger Manifest）」であり、「それが自然科学者の方向転換を必然的なものにした」とリットは主張するのである。

かくて討論の中心には、リットが講演の最後に論及していた、一九五七年四月一二日に発表された一八名のドイツ人原子力研究者による「ゲッティンゲン・マニフェスト」が置かれた。宣言の本文、ならびに宣言に署名した一八名のドイツ人原子力研究者の氏名が、本討論の冒頭に掲載されている。

この討論においてリットは、科学研究者の成果を根拠に政治的発言を行う権利や責任がないことを繰り返し強調する。何故か？　それは、私たちの共同の生の営みに関する事柄、即ち政治的な事柄に対する責任は、私たち一人ひとりが等しく責任を負うべきものだからである。つまり、科学研究の成果をどのように利用すべきかを含む政治的な事柄を科学者に委ねてしまうことは、私たちが自らの自由と人格を放棄するに等しいことだとリットは喝破する。とりわけ、科学者が政治的発言を行うことによって政治家になることをリットは強く警告している点に私たちは注意をはらう必要がある。

リットは政治的でありたい人間と物理学を研究する人間との〈分離〉を厳しく主張する。これに対して今日の私たちの国では、むしろ科学者であるからこそ同時に政治的発言、政治的行動（運動）の遂行を積極的に支持する風潮がある。だが、ヒロシマやナガサキの被爆七十年の節目の年に原水爆禁止運動の歩みを〈反省〉する時、物理学者といわれる科学の専門家がその運動にはたした役割とその影響をどのように評価したらよいのであろうか？　否、それ以上に被爆国である私たちの国において「核保有こそが核の潜在的抑止力になる」と公言する政治家を前に、科学者はどのような態度を取るのか？　リットは物理学者が専門家として客観的な立場を取るのではなく、一市民として「参加」することを講演「科学の公的責任」の冒頭で述べている。このリットの提言は科学者の基本的姿勢として今日吟味され、検討されるべき事柄ではなかろうか。

最後に、本書に所収の論文「科学の公的責任」（一九五八年）と「ゲッティンゲン・マニフェスト」をめぐる討論（一九五七年）との関連について付言したい。時間的には、「討論」が一年先に公表されている。しかしこの点についてリット自身が「科学の公的責任」に「原注」を施し、この論文は「同じ年に仕上げられた。（略）そのつながりは、〔宣言を〕批判的に論駁しようとする意図からではなく、解明されるべき事柄そのものから生じたものである。」と注意深く言及している（原注1を参照のこと）。ここには、リットと物理学者との「討論」が相手を批判的に論破するためのものではなく、問題それ自体が解明されるべき事柄であること、その上で「討議」の在り方、討議の〈作法〉が示されているのである。

編訳者あとがき

二〇一一年三月一一日の東日本大震災は日本国民それぞれに自己の存在が自然の猛威の前に佇むか弱い「一本の葦」(パスカル(Blaise Pascal))にすぎないことを思い知らせると同時に、被災地の人々がこの悲劇を生死ある「絆」として受け入れ、じっと耐え抜く精神的な強靭さを全世界に示した。だが、同時に生起した東京電力福島第一原発の事故は、その後、おおくの国民から「これは『人災』である」との思いが支配的になっている(事実、国会事故調査委員会は事故の根源的原因を「人災」と断定している)。具体的にいえば、六〇年代以降、国策として強力に推進されてきた原子力エネルギーは「安全でクリーンなエネルギーである」と喧伝されてきたが、今回の福島の悲劇的な体験によって、その実態は、わが国の政界、官界、経済・産業界、学界、そしてマスコミの各界が一体となって作り出した「神話」であることを白日の下に晒したのである。広島、長崎という被爆国である日本が、三度、福島の第一原発事故によって放射能の恐怖に襲われていることは歴史的悲劇である。この「原子力エネルギーは安全である」という「神話」の形成に学界、とりわけ、子どもの人間形成(陶冶)に責任を担う学問としての教育学(者)

は「原子力エネルギー」をどのように理解し、向き合い、その知見を教育界に発信し、その社会的責任を果たそうとしてきたのであろうか。

一九五七年、テオドール・リット（Theodor Litt）が投げかけた「私たち自身、今の（原子力）時代をどのように理解するのか?」（"Wie versteht unser (Atom) Zeitalter sich selbst?"）という問いは、わが国における〈原子力（核）エネルギーは安全である〉という「神話」を払拭するためにも、そのまま今日の日本の運命的問題でもある。同時に、同年リットがヨーロッパ連合（Europa Union）から依頼され、物理学者や核エネルギーの専門家を対象に行った講演・討論「原子力と倫理（Atom und Ethik）」からは、〈原子力（核）エネルギー〉問題を歴史哲学的視点から根源的に把握し、そこから導出される問題解決の思考回路として「倫理的問題」を提示したことは極めて重要であった。そこでは人類の一員としての〈責任〉への思考回路が示されているからである。現今のわが国における原発事故をめぐる論議はもっぱら、経済的・政治（政策）的視点からのみに終始し、倫理的視点からの提言は皆無に等しい。そこには問題の「責任」に対する感覚が全く欠如し、「責任」を担うという意識や態度が見られないのである。本当にこれで核エネルギー問題は解決出来るのか！　放射線災害の問題から使用済み核燃料の問題に至るまで、何ひとつ見通しがないのである。この問題に対峙することこそ世代をかけたわれわれの「責任」ではないのか。

これら科学ならびに科学者の責任に関わる講演が、一九五六年六月、リット自身のプール・ル・メリット学術勲章の受章を記念して行った「科学の公的責任」である。本学術勲章はわが国の文化勲章に匹敵する〈学術功労賞〉で、その受賞者は同時にその受章者で構成される会、すなわち、一八四二年、ヴィルヘルム四世によって制定され、一九五二年ドイツ政府によって新たに承認された、ドイツ人三〇名、外国人三〇人を定員とし、会員が死亡した場合にのみ推薦によって補充されるという会の会員に推挙される。その叙勲記念講演が本書に収めた「科学の公的責任」である。予断を許さない緊張感のある、かつ雅文ともいえる文体で、講演内容も改めてわれわれに人文学の本道を示すものと感服させるに十分である。

さて、テオドール・リットは一八八〇年一二月二七日デュッセルドルフに生まれ、一九六二年七月一六日ボンで生涯を閉じた、二〇世紀を代表する文化＝社会哲学及び教育（科）学の碩学である。ボン大学員外教授から一九二〇年エドゥアルト・シュプランガー（Eduard Spranger）の後任としてライプツィヒ大学哲学及び教育学正教授に就任、一九三一年から三二年にかけて同大学の学長を務めるが、一九三〇年一〇月学長就任講演「大学と政治」を行い、当時ナチズムの台頭と共に顕著となった大学と学問に対する政治介入とその制度的な政策に対して方向転換を迫る講演を行い、その内容から、特に、ナチス学生同盟と軋轢を生むことになる。その後も「第三帝国」による講演や講義の妨害を受け、一九三七年、節を曲げることなく自主的に退職、著作活動に専念する（戦後刊行される多くの著作はこの時期に執筆された）。第二次世界大戦後の一九四五年、ライプツィヒ大学から請われて復職し、荒廃した大学の再建に尽力し、大学の「復興計画案」まで作成するも、研究と学問の自由を基本とするリットの姿勢は占領軍のソヴィエト的全体主義の施策とは全く相容れず、ここでも多くの軋轢を生むことになる。結局、一九四七年、旧西ドイツのボン大学からの招請を受け、故郷に帰還することになる。

このように二度にわたる全体主義的体制との軋轢や抗争を経験するリットであるが、一九二〇年～三〇年代のライプツィヒ大学はベルリン大学と並ぶドイツを代表する大学で、世界から多くの研究者を集め、リットも哲学・教育学の顔として名声を博していた。この時代にはその後日本の代表的な教育学者、心理学者になる面々が留学している。広島文理科大学教授で学長を務め、『原爆の子』を編纂、刊行した長田新、東京帝国大学入澤宗壽、心理学者の城戸幡太郎等々。若いリットから文化＝社会哲学的問題、教育学の方法論を学んでいる。また戦後の一九五三年には、稲富栄次郎（元広島文理科大学教授、上智大学教授、初代教育哲学会会長）もボン大学でリットの講演、「独逸の大学とギムナジウム」（六月三日）を聴講し、また講義「自然科学的認識について」にも出席し、その後直接教授と会見して、その印象を残している（稲富栄次郎「ドイツ大学の現状―リット教授との会見」参照）。

また、二〇一二年の第一五回テオドール・リット国際シンポジウムのテーマ、「原子力時代。自然科学と技術の極大値。最高値の責任」の設定の中で明らかになったことは、ライプツィヒ時代、リットと同僚の物理学者ヴェルナー・ハイゼンベルク（量子力学の研究で一九三二年ノーベル物理学賞受賞）とが精力的に、かつ多様な問題について対話していた事実である（わが国で一九六二年ノーベル物理学賞を受賞した朝永振一郎が、一九三七年から三八年にかけてハイゼンベルクのもとで核物理学、量子場論研究をおこなっている。ただハイゼンベルクの自伝の書である『部分と全体―私の生涯の偉大な出会いと対話』（湯川秀樹序・山崎和夫訳、みすず書房）では、ライプツィヒ時代についての言及は何故か少ない）。このように一九二〇年～三〇年代のライプツィヒ大学はベルリン大学と共に世界における研究・教育のメッカであったが、その「人文学」研究分野の中心に若いリットが活躍していたのである。多数のノーベル賞受賞者を数えるライプツィヒ大学は今日、人文学の分野ではリット研究所を中心に、ヨーロッパ連合（Europa-Union）における「精神科学研究」のセンターを目指してネットワークを形成中である。特に、東欧諸国、ポーランド、チェコ等との関係強化が図られている。そこでは創立六百余年の伝統（創立は一四〇九年）とリットや解釈学の巨匠H・G・ガダマー、ハイゼンベルク（ハイゼンベルクはカント研究者でもあった）ら激動の時代を透徹した思想、理論によって探求した知的証言を学問的にかつ人間的に評価する作業が進行中である。その一例として、ライプツィヒ大学は二〇〇一年から「テオドール・リット賞（Theodor-Litt-Preis）」を創設し、毎年一名、研究・教育の両面で最も顕著な教員を顕彰しているのである。また、ライプツィヒ大学古文書館はリット・コーナーを特設し、リットの講義草稿を含む諸資料を完備している。

一九四七年、ボン大学への帰還後のリットは、ドイツ連邦共和国における哲学、教育学の重鎮として公的機関とも関わり、また科学、芸術、文化、教育等の各専門分野からの依頼による学会、研究会等で基調講演を数多く行っている。すでに言及したようにそれらの功績によって、一九五二年には「学術功労賞」を受賞、また一九五五年、七五歳の誕生日には大統領からドイツ復興に功績のあった者に与えられる「星十字大功労賞」を授与された。その他オーストリアなど諸外国からも多数の栄誉を受けている。

今日リットに対する思想家としての評価は、保守主義的な思想家ではあるが、ナチスに節を曲げなかった潔《いさぎよ》さは、戦後のドイツでは「学者として範をなすもの」とされているし、人間理性を武器にしたその鋭い歴史＝批判的精神は「時代を見抜くもの」として高く評価されている（旧東ドイツの崩壊を早い段階で予告していたと言われている）。

以下、リットの主要著作を抜粋して紹介する（著作「目録」からは、単行本五三冊、論文・論説・講演二〇八点が挙げられる）。ただこのような著作中心のリットの紹介は極めて表面的、形式的で、「人間リット」がなかなか見えない憾みがある。リットは健啖家で、本書に収録した科学者との〈討論〉にみられるように気質の激しい、かなりの皮肉屋で、かつカリカチュア（風刺画）の名手でもあった。最近ようやくその一端が紹介されるようになった。また、ライプツィヒの市長でナチスに対する保守的抵抗組織の中心人物C・ゲルデラー（Carl Friedrich Goerdeler）との接触の資料が最近発掘されている。

著　作

“Individuum und Gemeinschaft” 1926『個人と社会』
“Ethik der Neuzeit” 1926（関雅美訳『近代倫理学史』、未来社、一九五六年）
“Möglichkeit und Grenzen der Pädagogik” 1926『教育学の可能性と限界』
“Die Philosophie der Gegenwart und ihr Einfluss auf das Bildungsideal” 1927『現代の哲学およびその教育理念に及ぼす影響』
“Führen oder Wachsenlassen” 1927『指導か放任か』（石原鉄雄訳『教育の根本問題』、明治書店、一九七一年）
“Wissenschaft, Bildung, Weltanschauung” 1928『科学、教養、世界観』（石原鉄雄『科学・教養・世界観』、関書院、一九五四年）
“Geschichte und Leben” 1930『歴史と生』
“Kant und Herder” 1930『カントとヘルダー』
“Einführung in die Philosophie” 1933『哲学入門』
“Die Selbsterkenntnis des Menschen” 1938『人間の自己認識』
“Der deutsche Geist und das Christentum” 1939『ドイツ精神とキリスト教』
“Protestantische Geschichtsbewusstsein” 1939『プロテスタントの歴史意識』

“Das Allgemeine im Aufbau der geisteswissenschaftlichen Erkenntnis” 1941『精神科学的認識の構成における普遍的なもの』

“Die Befreiung des geschichtlichen Bewusstseins durch J.G.Herder” 1942『J・G・ヘルダーによる歴史意識の解放』

“Staatsgewalt und Sittlichkeit” 1948『国家権力と人倫性』

“Wege und Irrwege geschichtlichen Denkens” 1948『歴史的思考の正路と邪道』

“Mensch und Welt” 1948『人間と世界』

“Denken und Sein” 1948『思惟と存在』

“Hegel. Versuch einer kritischen Erneuerung” 1952『ヘーゲル―批判的復興の試み』

“Naturwissenschaft und Menschenbildung” 1952『自然科学と人間陶冶』

“Der lebendige Pestalozzi” 1952（杉谷雅文・柴谷久雄訳『生けるペスタロッチー』、理想社、一九六〇年）

“Das Bildungsideal der deuschen Klassik und die moderne Arbeitswelt” 1955（荒井武・前田幹訳『現代社会と教育の理念』、福村出版、一九八八年）〔翻訳書は改訂第六版（1959）による〕

“Die Wiedererweckung des geschichtlichen Bewusstseins” 1956『歴史的意識の再覚醒』

“Technisches Denken und menschliche Bildung” 1957『技術的思考と人間陶冶』（小笠原道雄訳、玉川大学出版部、一九九六年）

"Wissenschaft und Menschenbildung im Lichte des West-Ost-Gegensatzes" 1958『東西対立に照らした科学と人間陶冶』〔論稿「科学の公的責任」は本書に第六論文として所収〕
"Berufsbildung - Fachbildung - Menschenbildung" 1958『職業陶冶—専門陶冶—人間陶冶』
"Kunst und Technik als Mächte des modernen Leben" 1959『現代生活の諸力としての芸術と技術』
"Freiheit und Lebensordnung. Zur Philosophie und Pädagogik der Demokratie" 1962『自由と生の秩序—民主主義の哲学と教育学について』

これら主要著作のタイトルからも解るように、リットの学問研究の中心テーマの一つは歴史学および歴史哲学であったと言ってよい。近代の歴史学の開祖といわれるJ・G・ヘルダー（1744-1803）、ドイツ観念論や歴史哲学の完成者とされるG・W・F・ヘーゲル（1770 -1831）（リットはレクラム版ヘーゲル著『歴史哲学』（Philosophie der Geschichte）で長文の導入（Einführung）、「ヘーゲルの歴史哲学」を執筆している）、近代精神史研究の第一人者と称されるW・ディルタイ（1833-1911）、現代の歴史哲学を基礎づけたH・リッケルト（1863-1936）、さらには名著『歴史主義とその諸問題』で地上と天上の文化を総合する歴史学を説いたE・トレルチ（1865-1923）など、リットは広く、豊かに研究した。これら豊かな深い歴史的感覚と歴史意識とが、リットの著作、論文に貫かれている。（管見では、これら歴史的感覚や歴史的意識の源泉はボンおよびベルリン大学での古典語および歴史学の修得にあったと考えられる。その証左として、一九〇四年、ボン大学で受理されたラテン語による博士論文、『De Verrii Flacci et Cornelii Labeonis fastorum libris（ウェリウス・フラックスとコルネーリウス・ラベオの暦に関する本について）』（全三四頁）が挙げられよう。内容は、古代ローマの年中行事・公時等を記した暦本に関する研究である。）

リットの学問研究のもう一つの中心テーマも、これら歴史学および歴史哲学に基礎づけられ、方向づけられた教育学、すなわち「人間陶冶（人間形成）」の学である。今回訳出した叙勲記念講演「科学の公的責任」も、まさに研ぎすまされたこれら歴史的感覚と歴史的意識とに貫かれ、導かれている二つの学問から展開されている。

このようなリットの思考や論理は、本国ドイツでもきわめて難解であるといわれている。とりわけ、わが国との時代状況との違い等も考慮して、本編訳書では「編訳者まえがき」等で言及されている事柄に屋上屋を架すことになるが、第Ⅰ部、第Ⅱ部の「解題」を施した。諒解を賜りたい。

末尾ではあるが、東信堂の下田勝司社長に感謝の誠を捧げたい。学術書の出版がきわめて厳しいなか、核エネルギー問題の原点、広島、長崎の被爆七〇年の節目の年での本編訳書刊行の意義を認められると同時に、現今のわが国の科学界にみられる数々の不正問題の多発を憂慮され、その刊行を決意されたのである。ここに記して深甚の敬意を表したい。

二〇一五年七月　広島、長崎被爆七〇年と福島の被災地を覚えながら

編訳者　小笠原道雄
野平　慎二

原著者紹介

テオドール・リット（Theodor Litt 1880-1962）。ドイツの哲学者，教育学者。ライプツィヒ大学教授，学長（1931-32）を歴任するもナチズムに抵抗し辞職。戦後の1945年請われて復職するが占領下の旧ソヴィエト体制と軋轢を生む。1947年，旧西ドイツ・ボン大学からの招請をうけ教授に復帰。主な著書に『歴史と生』『個人と社会』『ヘーゲル』『指導か放任か—教育の根本問題—』『自然科学と人間陶冶』『歴史意識の再覚醒』『職業陶冶・専門陶冶・人間陶冶』『東西対立に照らした科学と人間陶冶』等。1954年，連邦政府学術功労賞叙勲，1955年，大統領星十字大功労賞授与。

編訳者紹介

小笠原道雄（おがさわら みちお 1936-）。広島大学名誉教授，ブラウンシュバイク工科大学名誉哲学博士（Dr. Phil. h. c.）。北海道教育大学，上智大学，広島大学，ボン大学（客員），放送大学を経て現広島文化学園大学教授。主な著書論文に『現代ドイツ教育学説史研究序説』『フレーベルとその時代』『精神科学的教育学の研究』'Die Rezeption der deutschen Pädagogik und deren Entwicklung in Japan' 'Die Rezeption der Pädagogik von Th. Litt in Japan' 等。

野平慎二（のびら しんじ 1964-）。愛知教育大学教育学部教授。広島大学大学院教育学研究科博士課程修了。博士（教育学）。この間，DAAD奨学生としてリューネブルク大学留学。主著に『ハーバーマスと教育』。翻訳書として，K. モレンハウアー『子どもは美をどう経験するか』（共訳），『ディルタイ全集』第6巻，倫理学・教育学論集（共訳）等。

科学の公的責任——科学者と私たちに問われていること

2015年8月31日　初　版第1刷発行　〔検印省略〕

編訳者©小笠原道雄・野平慎二／発行者 下田勝司　印刷・製本／中央精版

東京都文京区向丘1-20-6　郵便振替 00110-6-37828
〒113-0023　TEL (03) 3818-5521　FAX (03) 3818-5514　発行所 株式会社 東信堂

Published by TOSHINDO PUBLISHING CO., LTD.
1-20-6, Mukougaoka, Bunkyo-ku, Tokyo, 113-0023, Japan
E-mail : tk203444@fsinet.or.jp http://www.toshindo-pub.com

ISBN978-4-7989-1307-7 C1030

東信堂

ハンス・ヨナス「回想記」	H・ヨナス 盛永・木下・馬渕・山本訳	四八〇〇円
責任という原理―科学技術文明のための倫理学の試み（新装版）	H・ヨナス 加藤尚武監訳	四八〇〇円
原子力と倫理―原子力時代の自己理解	Th・リット 小笠原道雄編	一八〇〇円
科学の公的責任―科学者と私たちに問われていること	Th・リット 小笠原・野平編訳	一八〇〇円
生命科学とバイオセキュリティ―デュアルユース・ジレンマとその対応	四ノ宮成祥 河原直人編著	二四〇〇円
バイオエシックス入門〔第3版〕	今井道夫 香川知晶編	二三八一円
医学の歴史	今井道夫 石渡隆司監訳	四六〇〇円
死の質―エンド・オブ・ライフケア世界ランキング	丸祐一・小野谷加奈恵・飯田亘之訳	一二〇〇円
生命の神聖性説批判	H・クーゼ著 飯田・石川・小野谷・片桐・水野訳	四六〇〇円
医療・看護倫理の要点	水野俊誠	二〇〇〇円
概念と個別性―スピノザ哲学研究	朝倉友海	四六四〇円
〈現われ〉とその秩序―メーヌ・ド・ビラン研究	村松正隆	三八〇〇円
省みることの哲学―ジャン・ナベール研究	越門勝彦	三二〇〇円
ミシェル・フーコー―批判的実証主義と主体性の哲学	手塚博	三二〇〇円
カンデライオ（ジョルダーノ・ブルーノ著作集 1巻）	加藤守通訳	三二〇〇円
原因・原理・一者について（ジョルダーノ・ブルーノ著作集 3巻）	加藤守通訳	三二〇〇円
傲れる野獣の追放（ジョルダーノ・ブルーノ著作集 5巻）	加藤守通訳	四八〇〇円
英雄的狂気（ジョルダーノ・ブルーノ著作集 7巻）	加藤守通訳	三六〇〇円
（哲学への誘い―新しい形を求めて 全5巻）―		
哲学の立ち位置	松永澄夫 鈴木泉編	三二〇〇円
哲学の振る舞い	松永澄夫 村瀬鋼編	三二〇〇円
社会の中の哲学	松永澄夫 高橋克也編	三二〇〇円
世界経験の枠組み	松永澄夫 伊佐敷隆弘編	三二〇〇円
自　己	松永澄夫 浅田淳一編	三二〇〇円
価値・意味・秩序―もう一つの哲学概論：哲学が考えるべきこと	松永澄夫	三九〇〇円
哲学史を読むⅠ・Ⅱ	松永澄夫	各三八〇〇円
言葉は社会を動かすか	松永澄夫編	二三〇〇円
言葉の働く場所	松永澄夫編	二三〇〇円
食を料理する―哲学的考察	松永澄夫	二〇〇〇円
言葉の力（音の経験・言葉の力第Ⅰ部）	松永澄夫	二五〇〇円
音の経験（音の経験・言葉の力第Ⅱ部）―言葉はどのようにして可能となるのか	松永澄夫	二八〇〇円

〒113-0023　東京都文京区向丘 1-20-6　TEL 03-3818-5521　FAX03-3818-5514　振替 00110-6-37828
Email tk203444@fsinet.or.jp　URL:http://www.toshindo-pub.com/

※定価：表示価格（本体）＋税

東信堂

宰相の羅針盤 総理がなすべき政策 —〔改訂版〕日本よ、浮上せよ！	村上誠一郎＋21世紀戦略研究室	一六〇〇円
福島原発の真実 このままでは永遠に収束しない —まだ遅くない——原子炉を「冷温密封」する！	村上誠一郎＋原発対策国民会議	二〇〇〇円
3・11本当は何が起こったか：巨大津波と福島原発 —科学の最前線を教材にした暁星国際学園「ヨハネ研究の森コース」の教育実践	丸山茂徳監修	一七一四円
21世紀地球寒冷化と国際変動予測	丸山茂徳著 吉田勝訳	一六〇〇円
2008年アメリカ大統領選挙 —オバマの勝利は何を意味するのか	吉野孝・前嶋和弘編著	二〇〇〇円
オバマ政権はアメリカをどのように変えたのか —支持連合・政策成果・中間選挙	吉野孝・前嶋和弘編著	二六〇〇円
オバマ政権と過渡期のアメリカ社会 —選挙、政党、制度メディア、対外援助	吉野孝・前嶋和弘編著	二四〇〇円
オバマ後のアメリカ政治 —二〇一二年大統領選挙と分断された政治の行方	吉野孝・前嶋和弘編著	二五〇〇円
北極海のガバナンス	奥脇直也・城山英明編著	三六〇〇円
政治学入門	内田満	一八〇〇円
政治の品位—日本政治の新しい夜明けはいつ来るか	内田満	二〇〇〇円
「帝国」の国際政治学—冷戦後の国際システムとアメリカ	山本吉宣	四七〇〇円
新版 日本型移民国家への道	坂中英徳	二四〇〇円
新版 世界と日本の赤十字 —世界最大の人道支援機関の活動	森正尚・桝居孝	二四〇〇円
解説 赤十字の基本原則—人道機関の理念と行動規範〔第2版〕	J・ピクテ 井上忠男訳	一〇〇〇円
赤十字標章の歴史 —人道のシンボルをめぐる国家の攻防	F・ブニョン 井上忠男訳	一六〇〇円
赤十字標章ハンドブック	井上忠男編訳	六五〇〇円
震災・避難所生活と地域防災力 —北茨城市大津町の記録	松村直道編著	一〇〇〇円
（地質学の巨人 都城秋穂の生涯） 都城の歩んだ道：自伝	都城秋穂	三六〇〇円
地球科学の歴史と現状	都城秋穂	二九〇〇円

〒113-0023 東京都文京区向丘 1-20-6
TEL 03-3818-5521 FAX03-3818-5514 振替 00110-6-37828
Email tk203444@fsinet.or.jp URL:http://www.toshindo-pub.com/

※定価：表示価格（本体）＋税

東信堂

国際環境条約・資料集　松井・富岡・田中・薬師寺・坂元・高村・西村 編集　八六〇〇円

インターネットの銀河系―ネット時代のビジネスと社会　M・カステル 矢澤・小山 訳　三六〇〇円

「むつ小川原開発・核燃料サイクル施設問題」研究資料集　船橋晴俊・金山行孝・茅野恒秀 編著　一八〇〇〇円

組織の存立構造論と両義性論―社会学理論の重層的探究　船橋晴俊　二五〇〇円

社会学の射程―ポストコロニアルな地球市民の社会学へ　庄司興吉　三二〇〇円

社会階層と集団形成の変容―集合行為と「物象化」のメカニズム　丹辺宣彦　六五〇〇円

階級・ジェンダー・再生産―現代資本主義社会の存続メカニズム　橋本健二　三二〇〇円

現代日本の地域分化―センサス等の市町村別集計に見る地域変動のダイナミックス　蓮見音彦　三八〇〇円

人間諸科学の形成と制度化―社会諸科学との比較研究　長谷川幸一　三八〇〇円

戦後日本の教育構造と力学―「教育」トライアングル神話の悲惨　河野員博　三四〇〇円

ハンナ・アレント―共通世界と他者　中島道男　二四〇〇円

観察の政治思想―アーレントと判断力　小山花子　二五〇〇円

食品公害と被害者救済―カネミ油症事件の被害と政策過程　宇田和子　四六〇〇円

福祉政策の理論と実際（改訂版）福祉社会学研究入門　三重野卓・平岡公一 編　二五〇〇円

認知症家族介護を生きる―新しい認知症ケア時代の臨床社会学　井口高志　四二〇〇円

社会福祉における介護時間の研究―タイムスタディ調査の応用　渡邊裕子　五四〇〇円

介護予防支援と福祉コミュニティ　松村直道　二五〇〇円

対人サービスの民営化―行政・営利・非営利の境界線　須田木綿子　二三〇〇円

〔改訂版〕ボランティア活動の論理―ボランタリズムとサブシステンス　西山志保　三六〇〇円

研究道　学的探求の道案内　平岡公一・武川正吾・山田昌弘・黒田浩一郎 監修　二八〇〇円

〒113-0023　東京都文京区向丘 1-20-6　TEL 03-3818-5521　FAX03-3818-5514　振替 00110-6-37828
Email tk203444@fsinet.or.jp　URL:http://www.toshindo-pub.com/

※定価：表示価格（本体）＋税

〒113-0023 東京都文京区向丘 1-20-6 TEL 03-3818-5521 FAX03-3818-5514 振替 00110-6-37828
Email tk203444@fsinet.or.jp URL:http://www.toshindo-pub.com/